U0199794

博士后文库

中国博士后科学基金资助出版

扩底楔形桩技术开发与承载特性

孔纲强　著

科学出版社

北　京

内 容 简 介

　　本书综合常规楔形桩和扩底桩的技术优点,自主研发了一种新型纵向异形截面桩基技术;该技术不仅可以提高桩基竖向抗压承载力,而且可以减少负摩阻力对基桩的影响。本书是一部反映著者近年来对扩底楔形桩的研究成果的专著,简要介绍了其技术开发过程,基于模型试验、数值模拟及理论分析等方法,对扩底楔形桩的抗压承载力、抗拔承载力、水平向承载力、负摩阻力特性以及沉桩挤土效应等问题进行了系统介绍。

　　本书可供土木、水利、交通、能源等部门的勘察、设计、施工及科研人员和高等院校有关专业教师和研究生参考。

图书在版编目 CIP 数据

扩底楔形桩技术开发与承载特性 / 孔纲强著. —北京:科学出版社,2016.6
　(博士后文库)
　ISBN 978-7-03-048849-7

　Ⅰ.①扩⋯　Ⅱ.①孔⋯　Ⅲ.①桩基础-研究　Ⅳ.①TU473

　中国版本图书馆 CIP 数据核字(2016)第 134165 号

责任编辑:杨向萍　张晓娟 / 责任校对:桂伟利
责任印制:张　伟 / 封面设计:左　讯

科 学 出 版 社出版
北京东黄城根北街 16 号
邮政编码: 100717
http://www.sciencep.com

北京建宏印刷有限公司 印刷
科学出版社发行　各地新华书店经销
*
2016 年 6 月第 一 版　　开本:720×1000　B5
2019 年 5 月第二次印刷　　印张:11 3/4
字数:232 000
定价:98.00元
(如有印装质量问题,我社负责调换)

《博士后文库》编委会名单

主　任　陈宜瑜

副主任　詹文龙　李　扬

秘书长　邱春雷

编　委　（按姓氏汉语拼音排序）

傅伯杰	付小兵	郭坤宇	胡　滨
贾国柱	刘　伟	卢秉恒	毛大立
权良柱	任南琪	万国华	王光谦
吴硕贤	杨宝峰	印遇龙	喻树迅
张文栋	赵　路	赵晓哲	钟登华
周宪梁			

《博士后文库》序言

博士后制度已有一百多年的历史。世界上普遍认为,博士后研究经历不仅是博士们在取得博士学位后找到理想工作前的过渡阶段,而且也被看成是未来科学家职业生涯中必要的准备阶段。中国的博士后制度虽然起步晚,但已形成独具特色和相对独立、完善的人才培养和使用机制,成为造就高水平人才的重要途径,它已经并将继续为推进中国的科技教育事业和经济发展发挥越来越重要的作用。

中国博士后制度实施之初,国家就设立了博士后科学基金,专门资助博士后研究人员开展创新探索。与其他基金主要资助"项目"不同,博士后科学基金的资助目标是"人",也就是通过评价博士后研究人员的创新能力给予基金资助。博士后科学基金针对博士后研究人员处于科研创新"黄金时期"的成长特点,通过竞争申请、独立使用基金,使博士后研究人员树立科研自信心,塑造独立科研人格。经过30年的发展,截至2015年底,博士后科学基金资助总额约26.5亿元人民币,资助博士后研究人员5万3千余人,约占博士后招收人数的1/3。截至2014年底,在我国具有博士后经历的院士中,博士后科学基金资助获得者占72.5%。博士后科学基金已成为激发博士后研究人员成才的一颗"金种子"。

在博士后科学基金的资助下,博士后研究人员取得了众多前沿的科研成果。将这些科研成果出版成书,既是对博士后研究人员创新能力的肯定,也可以激发在站博士后研究人员开展创新研究的热情,同时也可以使博士后科研成果在更广范围内传播,更好地为社会所利用,进一步提高博士后科学基金的资助效益。

中国博士后科学基金会从2013年起实施博士后优秀学术专著出版资助工作。经专家评审,评选出博士后优秀学术著作,中国博士后科学基金会资助出版费用。专著由科学出版社出版,统一命名为《博士后文库》。

资助出版工作是中国博士后科学基金会"十二五"期间进行基金资助改革的一项重要举措,虽然刚刚起步,但是我们对它寄予厚望。希望通过这项工作,使博士后研究人员的创新成果能够更好地服务于国家创新驱动发展战略,服务于创新型国家的建设,也希望更多的博士后研究人员借助这颗"金种子"迅速成长为国家需要的创新型、复合型、战略型人才。

中国博士后科学基金会理事长

序　　1

桩基承载力是由桩侧摩阻力和桩端阻力两部分组成,增加桩长或者增大桩径可以提高桩基承载力,但是同时也会增大施工难度和建筑材料使用量,因而并非最经济有效的选择。通过改变常规桩基的横截面或者纵截面的形状可以得到截面异形桩,最大限度地发挥地基土(岩)和桩本身的潜在能力。目前 PCC 桩、X 形桩等横截面异形桩,扩底桩、挤扩支盘桩等纵截面异形桩在工程界得到了广泛的认可和应用,并取得了可观的经济效益。

扩底楔形桩是由著者等开发的一种具有独立自主知识产权的新型纵截面异形桩技术;该桩型兼顾考虑了楔形桩(楔形角提高桩侧摩阻力)和扩底桩(扩大头提高桩端阻力)的技术优点,而且基桩承载力学机理清晰、施工工艺成熟。相关研究结果表明,扩底楔形桩可以有效提高单位材料利用率,等混凝土材料用量情况下,其承载力特性较等截面桩有明显的提高;具有良好的推广应用价值。

作者是我国近年来在岩土工程研究领域取得良好成绩的青年学者,一直专注于地基加固新技术、基于透明土材料的可视化模型试验技术等方面的研究。主持 3 项国家自然科学基金项目,发表学术论文 80 多篇,获得了 3 项国际 PCT 专利、40 项国家发明专利以及 11 项软件著作权登记,相关研究成果曾获得省部级科技进步奖一等奖 1 项、二等奖 1 项。

该书汇集了著者等近年来关于扩底楔形桩技术方面的开发、试验、数值模拟和理论研究成果,这对于促进该项新技术的在工程实践中的应用发展和本学科领域进步将起到积极的作用。

该书作者孔纲强博士,系本人合作指导的博士后、也是本人所领衔的长江学者创新团队核心成员之一,靠得住、能干事、善合作。

教育部长江学者特聘教授

国家杰出青年基金获得者

国务院学科评议组成员

序　　2

　　近几十年来,随着国家基础设施建设的大量投入,我国的公路、铁路以及市政道路等交通建设事业得到了前所未有的发展。高速公路、高速铁路等基础设施的工程等级也越来越高,公路、铁路、道路设计与施工中遇到的特殊地形、土性、地质和自然气候条件越来越多,越来越复杂(如京沪高速铁路穿越大量的软土地基区域),因此对道路工程质量和运营要求提出了近乎苛刻的要求。对岩土工程在特殊环境条件下的工程病害和问题,必须采取特殊的工程技术措施,甚至新材料、新工艺、新结构,才能满足土木工程质量要求和运营要求,这给岩土工程设计、施工、教学和科研等都提出了新的研究课题。

　　作者结合综合考虑楔形桩和扩底桩的技术优点,发明的一种新型扩底楔形桩技术;相关成果获得了授权国家发明专利4项,发表了近20篇学术论文,部分研究成果还获得了省部级奖励。相关研究表明,与常规等截面桩相比,扩底楔形桩可以有效提高竖向抗压承载力、水平向承载力,同时,减少桩侧负摩阻力对基桩承载力的影响。

　　该书著者孔纲强系本人指导毕业的博士生,科研严谨、工作踏实、勤奋努力,在桩-土相互作用及地基加固新技术方面取得了很好的成绩。因此,我乐为此序。

大连理工大学　建设工程学部

前　言

桩基础工程由于其施工速度快、加固深度大、适宜多种地质条件、可显著提高地基承载力和减小变形,被广泛应用于建筑、交通、输变线电塔以及海洋基础等工程实践中。增加桩径或桩长可以提高桩基整体承载特性,但是一味地靠增加材料以提高承载力的做法既不经济又增大施工难度;因此,寻求单位材料利用率高,实现高承载力、低造价,且地基的稳定性可以明显增加的新型桩基,成为岩土工程界广泛关注的热点和难点问题之一。

目前岩土工程界常用的方法主要有:通过改变桩基横截面形式来提高桩侧比表面积,从而提高桩侧摩阻力的横截面异形桩(如壁板桩、PCC 桩、X 形桩、Y 形桩以及 H 形桩等);通过改变桩基纵向截面形式来提高桩侧摩阻力或桩端阻力的纵向截面异形桩(如扩底桩、楔形桩、钉形桩以及挤扩支盘桩等)。部分桩型在工程界得到了广泛应用并取得了良好的社会经济效益。此外,桩基后注浆技术也可以有效提高桩侧摩阻力和桩端阻力。

近年来,作者及其团队成员在桩基工程技术创新方面做了一些尝试和开拓,授权了 3 项国际发明专利、30 多项国家发明专利。在技术创新过程中发现工程科学问题,在实践中总结理论,并用新的理论指导实践。扩底楔形桩是作者结合预应力管桩和桩端后注浆的技术优点,联合考虑楔形桩和扩底桩的受力机理而发明的一种新型桩基技术(相关施工工艺获授权国家发明专利 4 项,相关承载力计算方法获软件著作权登记 2 项)。与常规桩型相比,扩底楔形桩可以有效提高竖向抗压及水平向承载力,减少桩侧负摩阻力对基桩承载力的影响。为了进一步推广该技术,迫切需要有一本对该技术原理及承载力计算方法进行系统总结的专著。

全书共 8 章,第 1 章绪论;第 2 章扩底楔形桩的技术开发;第 3 章竖向抗压承载特性;第 4 章竖向抗拔承载特性;第 5 章水平向承载特性;第 6 章地面堆载作用下负摩阻力特性;第 7 章沉桩挤土效应特性;第 8 章结论与展望。

感谢周航博士、曹兆虎博士、顾红伟硕士、彭怀风博士以及周立朵硕士等的合作和辛勤工作;刘汉龙教授和杨庆教授认真审阅并给本书写序,作者在此表示衷心感谢。本书研究成果获得高等学校学科创新引智计划（B13024）、教育部长江学者创新团队（IRT-15R17）和国家自然科学基金（51278170、51478165）资助，并得到中国博士后基金《博士后文库》资助出版，在此表示感谢。

　　限于作者水平，有些问题研究尚浅，本书存在某些不足在所难免，诚恳希望专家、读者批评指正，并敬请将宝贵意见及时反馈给作者，以便作者更正和继续研究。

孔纲强

2016 年 1 月于南京

目　　录

《博士后文库》序言

序 1

序 2

前言

第 1 章　绪论 …………………………………………………………… 1

　1.1　概述 ………………………………………………………………… 1

　1.2　异形桩国内外研究现状 …………………………………………… 1

　　　1.2.1　横截面异形桩研究现状 …………………………………… 3

　　　1.2.2　纵截面异形桩研究现状 …………………………………… 8

　1.3　扩底楔形桩主要关键技术问题 …………………………………… 10

　1.4　本书的主要研究内容及技术路线 ………………………………… 12

第 2 章　扩底楔形桩的技术开发 …………………………………… 14

　2.1　开发思路 …………………………………………………………… 14

　2.2　设计方法 …………………………………………………………… 14

　2.3　施工工艺 …………………………………………………………… 15

　　　2.3.1　人工挖孔及夯扩扩底楔形桩施工工艺 …………………… 15

　　　2.3.2　高聚物注浆扩底楔形桩施工工艺 ………………………… 16

　2.4　质量检测与效果评价 ……………………………………………… 18

　　　2.4.1　扩大头钻芯取样检测 ……………………………………… 18

　　　2.4.2　低应变反射波法检测 ……………………………………… 18

　　　2.4.3　静载荷试验 ………………………………………………… 19

　2.5　应用范围 …………………………………………………………… 19

第 3 章　竖向抗压承载特性 ………………………………………… 20

　3.1　引言 ………………………………………………………………… 20

　3.2　大比尺模型试验 …………………………………………………… 20

　　　3.2.1　模型试验概述 ……………………………………………… 20

　　　3.2.2　试验结果与分析 …………………………………………… 24

　3.3　小比尺透明土模型试验 …………………………………………… 26

3.3.1 模型试验概述 ·· 26

3.3.2 试验结果与分析 ·· 29

3.4 数值模拟分析 ·· 33

3.4.1 数值模型建立 ·· 33

3.4.2 数值模型的验证与分析 ·································· 35

3.4.3 数值模拟结果与分析 ···································· 36

3.5 理论分析计算 ·· 42

3.5.1 理论模型建立 ·· 42

3.5.2 理论模型的验证与分析 ·································· 47

3.5.3 理论计算结果与分析 ···································· 48

3.6 本章小结 ·· 50

第4章 竖向抗拔承载特性 ···································· 52

4.1 引言 ·· 52

4.2 大比尺模型试验 ·· 52

4.2.1 模型试验概述 ·· 52

4.2.2 试验结果与分析 ·· 53

4.3 拔桩过程小比尺透明土模型试验 ···················· 54

4.3.1 模型试验概述 ·· 54

4.3.2 试验结果与分析 ·· 55

4.4 数值模拟分析 ·· 58

4.4.1 数值模型建立 ·· 58

4.4.2 数值模型的验证与分析 ·································· 59

4.4.3 数值模拟结果与分析 ···································· 61

4.5 理论分析计算 ·· 66

4.5.1 理论模型建立 ·· 66

4.5.2 理论模型的验证与分析 ·································· 70

4.5.3 理论计算结果与分析 ···································· 71

4.6 本章小结 ·· 73

第5章 水平向承载特性 ·· 74

5.1 引言 ·· 74

5.2 大比尺模型试验 ·· 74

5.2.1 模型试验概述 ·· 74

5.2.2 试验结果与分析 ·· 76

5.3　小比尺透明土模型试验 ……………………………………… 78
　　　5.3.1　模型试验概述 ……………………………………… 78
　　　5.3.2　试验结果与分析 ……………………………………… 79
　5.4　数值模拟分析 ……………………………………………… 84
　　　5.4.1　数值模型建立 ……………………………………… 84
　　　5.4.2　数值模型的验证与分析 ……………………………… 84
　　　5.4.3　数值模拟结果与分析 ………………………………… 85
　5.5　理论分析计算 ……………………………………………… 88
　　　5.5.1　弹性理论模型建立 …………………………………… 88
　　　5.5.2　弹塑性理论模型建立 ………………………………… 92
　　　5.5.3　理论模型的验证与分析 ……………………………… 96
　　　5.5.4　理论计算结果与分析 ………………………………… 96
　5.6　本章小结 …………………………………………………… 100
第6章　地面堆载作用下负摩阻力特性 ……………………………… 102
　6.1　引言 ………………………………………………………… 102
　6.2　大比尺模型试验 …………………………………………… 102
　　　6.2.1　模型试验概述 ……………………………………… 102
　　　6.2.2　试验结果与分析 …………………………………… 103
　6.3　中性点位置确定小比尺透明土模型试验 ……………………… 106
　　　6.3.1　模型试验概述 ……………………………………… 106
　　　6.3.2　试验结果与分析 …………………………………… 106
　6.4　数值模拟分析 ……………………………………………… 111
　　　6.4.1　数值模型建立 ……………………………………… 111
　　　6.4.2　数值模型的验证与分析 ……………………………… 111
　　　6.4.3　数值模拟结果与分析 ………………………………… 112
　6.5　理论分析计算 ……………………………………………… 115
　　　6.5.1　理论模型建立 ……………………………………… 115
　　　6.5.2　理论模型的验证与分析 ……………………………… 120
　　　6.5.3　理论计算结果与分析 ………………………………… 121
　6.6　本章小结 …………………………………………………… 124
第7章　沉桩挤土效应特性 …………………………………………… 125
　7.1　引言 ………………………………………………………… 125
　7.2　小比尺透明土模型试验 …………………………………… 125

     7.2.1　模型试验概述 ………………………………………… 125

     7.2.2　模型试验验证 ………………………………………… 126

     7.2.3　试验结果与分析 ……………………………………… 127

  7.3　数值模拟分析 ……………………………………………… 129

     7.3.1　数值模型建立 ………………………………………… 129

     7.3.2　数值模型的验证与分析 ……………………………… 131

     7.3.3　数值模拟结果与分析 ………………………………… 133

  7.4　理论分析计算 ……………………………………………… 141

     7.4.1　理论模型建立 ………………………………………… 141

     7.4.2　理论模型的验证与分析 ……………………………… 150

     7.4.3　理论计算结果与分析 ………………………………… 151

  7.5　本章小结 …………………………………………………… 154

第8章　结论与展望 ………………………………………………… 156

  8.1　结论 ………………………………………………………… 156

  8.2　展望 ………………………………………………………… 158

参考文献 ……………………………………………………………… 159

编后记 ………………………………………………………………… 168

第1章 绪　　论

1.1　概　　述

国家基础设施工程建设中的房屋建筑、市政道路及高速公路/铁路、港口以及机场等构建物不得不面对软弱土地基问题。通常情况下,软弱土整体工程特性差,天然地基本身无法满足地基承载力和沉降控制要求,若不进行有效治理,往往会造成地基侧向变形过大、整体或局部失稳等工程问题。按照构造形式来分,基础类型可分为桩基础、满堂基础、独立基础和条形基础等几种类型;且有其各自的传力机理、适用范围、局限性和优缺点[1, 2]。

桩基础由于施工速度快、加固深度大、适宜多种地质条件、可显著提高地基承载力和减小沉降等技术特点,而被广泛应用于建筑、交通、输变线电塔以及海洋基础等工程中。桩基承载力由桩侧摩阻力和桩端阻力两部分组成;桩基的作用是将原本直接作用在地基浅层土体上的上部荷载传递给地基深层土体上,或分担到周围土体中。桩基在工程中,可能受到下压荷载、上浮荷载、水平向荷载、负摩阻力以及各种荷载的组合形式等情况[3]。如何提高单位材料利用率,既经济合理又技术可行地解决地基承载力和沉降问题,成为广大工程技术人员需要面临的最主要难点问题之一。因此,分析桩基的受力机理,改进桩基截面形式,研发新型截面异形桩基技术,成为近些年广大工程技术人员关注的热点问题之一。

1.2　异形桩国内外研究现状

单桩竖向承载力是由桩侧摩阻力和桩端阻力两部分组成,增加桩长或增大桩径可以提高桩侧摩阻力,但是单一地改变桩长或者桩径,会大大增加桩体材料用量和施工难度,因而并非最经济的选择。通过改变常规桩基的横截面或纵截面形状可以得到截面异形桩,根据桩型的特殊性,在某些特定的受力环境下,可以考虑截面形式"异形"来发挥并提高桩体或地基土本身的承载潜能[4]。各类异形桩在国内外工程中得到了广泛的认可和应用,并取得了可观的经济效益。

异形截面可分为横截面异形和纵截面异形两大类。改变桩身横截面的形状,可以提高单位桩身材料的侧表面积,进而提高桩侧摩阻力。常见横截面异形桩有壁板桩、十字形桩、PCC 桩、T 形桩、工字形桩、X 形桩以及 Y 形桩等,其截面形式示意图和实物图如表 1.1 所示。改变桩身纵向截面的形状,可以增加桩-土接触面的形式以提高桩侧摩阻力,也可以增大桩端结构形式以提高桩端阻力;常见纵截面异形桩有扩底桩、楔形桩、钉形桩、挤扩支盘桩以及 DX 桩等,其截面形式示意图和实物图如表 1.1 所示。

此外,可以利用异形桩横截面形式的非轴对称性,布置桩抵抗弯曲能力最大的方向与横向荷载的方向一致,从而最大限度地发挥桩身材料的潜力,节约成本。目前对于异形桩承载性能的研究主要集中在单一形式上,如单一的横截面异形桩或是单一的纵截面异形桩,而对于横、纵截面异形组合形式的非常规异形桩研究相对较少。

表 1.1　常用异形桩截面形式示意图列表

类别	桩型	示意图	实物图
横截面异形	壁板桩 板桩 X形桩 PCC桩 十字形桩 Y形桩		

续表

类别	桩型	示意图	实物图
纵截面异形	扩底桩 楔形桩 钉形桩 挤扩支盘桩		

1.2.1 横截面异形桩研究现状

通过改变桩身横截面的几何特性,可以增加桩侧比表面积和桩基定向惯性矩,从而达到增大桩侧摩阻力与水平承载力的"异形"力学效果;与常规等截面桩相比,横截面异形桩具有更大的桩侧比表面积(表面积与质量比),即增加了桩-土接触面积,从而可以发挥更大的桩侧摩阻力,充分发挥单位混凝土材料的承载效率。

近年来,横截面异形桩技术及其应用得到了快速发展,目前常见的横截面异形桩主要有:壁板桩、PCC 桩、X 形桩、Y 形桩、H 形桩、T 形桩、十字形桩、工字形桩、L 形桩以及 I 形桩等。

1. 壁板桩技术及其研究现状

壁板桩是利用地下连续墙施工设备开挖成槽,然后灌注混凝土而形成类似矩形的现场灌注桩。壁板桩概念是由法国 Soletache 公司于 1963 年最早提出[5]。针对壁板桩的承载特性,相关研究人员开展了大量的现场试验、数值模拟和理论分析研究,并取得了一系列研究成果。Ng 等[6]和雷国辉等[7~9]主要介绍了壁板桩在高层建筑物地基中的运用;通过开展现场试验,分析其承载性能特点,并与常规等截面桩的承载性能进行对比研究;针对壁板桩群桩的荷载沉降关系,采用变分分析方法,将分析结果与计算结果进行了对比验证,初步分析了群桩的布置方式和桩间距对壁板桩群桩效应和承载能力的影响。近几十年来,壁板桩在国内外工程实际中应用概况如表 1.2 所示。

表 1.2　国内外壁板桩工程应用概况表[7]

国家和地区	截面尺寸/m	桩深/m	地层	备注(用途、试验结果)
中国大陆	2.5×0.6	21	粉质黏土	$P_{max}>4000\text{kN},f_s>20\text{kPa}$
	2.5×0.8	27	黏土	用于立交桥
中国香港	2.8×0.8	40	全风化花岗岩	仅用于科研
	15 根壁板桩	36~63	全风化花岗岩	用于基础设施和高层建筑
中国台湾	6.6×1.2②	约78	砂砾层	用于地铁车站及其上部建筑
	7.4×1.2	23.5	—	用于高楼
	3.0×1.2	33.0	—	用于高楼
奥地利	1.5×0.5	13.0	粉质黏土	$P_{max}>5000\text{kN},f_s>80\text{kPa}$
	1.5×0.5	24.0	粉质黏土	$P_{max}>10000\text{kN},f_s>80\text{kPa}$
巴西	1.65×0.4	7.0	非饱和砂质黏土	$P_{max}>5000\text{kN},f_s\approx100\text{kPa}$
	7.0×0.6	—		用于火电厂房
捷克斯洛伐克	3.0×0.6	33.0	石灰质黏土	用于桥梁
	2.2×0.4	4.75(8h)③	中密到密实的砂	$P_{max}=7060\text{kN},f_s=160\text{kPa}$
	2.2×0.4	4.75(97h)③	砾层	$P_{max}=3940\text{kN},f_s=90\text{kPa}$
埃及	2.8×1.0①②	39.5	石灰质砂土	$P_{max}=30000\text{kN},f_s=80\sim120\text{kPa}$
法国	3.0×1.0②	>22	粗粒石灰石	用于一地铁站上部的三栋楼房
	5.0×1.5	>62	致密的白垩层	用于一 210m 高的 60 层楼房
匈牙利	2.6×0.6	15.0	软黏土	摩擦桩,$P_{max}=3500\text{kN}$
	1.7×0.6	14.0	软黏土	摩擦桩,$P_{max}=2500\text{kN}$
	1.6×0.7	10.0	软粉质黏土	摩擦桩,$P_{max}=1900\text{kN}$
	1.4×0.5	8.0	粉质砂土	摩擦桩,$P_{max}=2500\text{kN}$
意大利	1.8×0.5	20.0	—	用于火电厂房
	1.8×0.5④	14.0	粗砂	用于 220kV 的输电线塔
	4.5×1.0	40	中细砂	最大水平荷载=4000kN
马来西亚	2.8×1.2①	40~105	黏土	摩擦桩,用于世界最高建筑
荷兰	3.26×2.2	22	砂土	用于高架桥
挪威	2.8×1.2	12~30	页岩和石灰岩	用于一 33 层塔楼
菲律宾	2.85×0.85	28.2	砂岩(残积土)	用于一 28 层住宅楼

续表

国家和地区	截面尺寸/m	桩深/m	地层	备注(用途、试验结果)
罗马尼亚	2.3×0.8	15.8	黏土和砂	$P_{max}=12000$kN
	2.0×0.8	13.0	坚硬黏土	$P_{max}=4200$kN,灌混凝土前,桩槽已露置几周
新加坡	2.8×0.6	47.4	密实到致密砂	摩擦桩,用于一 15 层塔楼
	2.8×0.8	50.4		$P_{max}=30932$kN,$f_s>1N'$
	2.8×0.8⑤	17.2	中密到密实砂	用于一行政大楼,$P_{max}=21059$kN,$f_s>1N'$
	2.8×0.8	37.6~48.2	风化花岗岩	用于一 12 层的塔楼,5 层的裙楼和一 3 层地下室
	4.5×1.0	37.6~48.2	风化花岗岩	
	2.8×0.8	40.6	嵌花岗岩 1.5m	$P_{max}=25000$kN(上部 14m 空悬)
韩国	3.05×0.8	—	未风化的基岩	用于一 35 层的双塔办公楼
泰国	2.7×0.8②	61.8	进入密砂 5m	$P_{max}=35000$kN
	2.7×0.8	44.0	进入密砂 0.5m	$P_{max}=24000$kN
	2.7×0.8	55.0	进入密砂 5m	$P_{max}=30140$kN
	2.7×0.8	50.0	进入密砂 5m	$P_{max}=27500$kN
	3.0×1.2	44.5~55.0	硬黏土($N'=11~61$)	用于一地铁车站
	2.7×1.0④	16.0~22.0	全风化花岗岩	用于 230kV 的输电线塔
英国	1.2×0.5	14.4	伦敦硬黏土	$P_{max}=4000$kN,$f_s≈75$kPa
	1.2×0.5	13.3	伦敦黏土	$P_{max}=3400$kN
美国	3.05×0.9④	16.5~21.0	极硬的冰渍土	用于一 23 层的办公楼
	6.5×0.9	16.5~21.0	极硬的冰渍土	容许摩阻力为 170kPa

注:P_{max}为试验最大加载;f_s为单元桩身摩阻力,kPa;N'为标贯击数 N 的平均值;—表示未知数据;
①桩身灌浆;②桩端灌浆;③桩槽露置时间;④十字形;⑤聚合物泥浆护壁。

2. PCC 桩技术及其研究现状

PCC 桩(现浇大直径混凝土管桩)是一种利用双套管沉模,并在双套管之间灌注混凝土形成的现浇大直径混凝土管桩,一般以桩基复合地基的形式进行应用[10, 11]。结合 PCC 桩及其复合地基技术在高速公路、海堤结构等实际工程应用[12~14],Liu 等[15~18]开展了 PCC 桩现场沉桩挤土效应试验、PCC 桩复合地基处治高速公路软基沉降监测及长期沉降预测分析;为了更进一步揭示 PCC

桩的承载特性,Liu 等[19]开展了大比尺模型试验研究,分析 PCC 桩的竖向及水平向承载特性,并与常规等截面桩进行对比分析;为了分析 PCC 桩的低应变检测结果,区别于常规等截面桩,Ding 等[20]建立了适合于 PCC 桩特殊圆环形截面形式的三维低应变检测理论方法。在系统研究和高速铁路/公路、市政道路和港口等多项实际工程应用的基础上,形成了 PCC 桩复合地基技术规程[21]和学术专著[22];为后续相关工程设计与计算提供依据。

3. X 形桩技术及其研究现状

X 形桩是根据等截面的异形扩大原理,将常规圆形桩的正圆弧面变成反向的圆弧,使桩基横截面形成一个类似字母"X"形状的横截面异形桩,以达到提高桩基承载力或节约桩身材料的目的[23]。结合 X 形桩及其复合地基技术在高速公路、市政道路及污水处理厂等实际工程应用[24~26],Liu 等[27]和 Kong 等[28]开展了 X 形桩现场沉桩挤土效应试验、X 形桩复合地基处治高速公路软基沉降监测及长期沉降预测分析。为了进一步揭示 X 形桩的承载特性,王智强等[29]、Lv 等[30]、张敏霞等[31]开展了大比尺模型试验和数值模拟研究,分析 X 形桩的竖向及水平向承载特性,并与常规等截面桩进行对比分析。基于理论方法,Lv 等[32]、孔纲强等[33]、曹兆虎等[34]探讨了 X 形桩竖向承载和水平向承载力计算方法。在系统研究和多项实际工程应用的基础上,形成了 X 形桩复合地基技术规程[35],为后续相关工程设计与计算提供依据。

4. Y 形桩技术及其研究现状

Y 形桩技术是通过扩大等截面周长,增加其侧摩阻力来提高整体桩基承载能力的一种横截面异形桩。结合 Y 形桩的成桩施工工艺,开展了 Y 形桩承载特性试验。基于 Y 形桩和常规等截面桩的对比试验,研究结果表明,Y 形桩的竖向承载能力较常规等截面桩可以提高 30%~50%或者节省工程造价 20%~25%[36~38];结合 Y 形桩及其复合地基在申浙苏皖、申嘉湖和杭浦等高速公路软基沉降处治中的应用,王新泉等[39]开展了现场监测和处治效果评价分析。为了进一步探讨 Y 形桩桩-土相互作用机理,许海云等[40]、吴跃东等[41]开展了大比尺模型试验和数值模拟研究,分析 Y 形桩的异形效应。

5. H 形桩技术及其研究现状

H 形桩一般是指由型钢焊接而成的挤土型桩。该桩型贯入能力强,其较大的桩周长度使其桩侧比表面积较大,使得桩侧摩阻力能够得到充分的发挥。H 形桩不仅可以单独打入土体中应用,而且可以与深层搅拌桩、高压旋喷桩组合形成插芯组合桩。结合工程实际应用,Yang 等[42]、William 等[43]、Huntley 等[44]提出了 H 形桩的结构设计计算方法,并基于现场试验和数值模拟等方法,分析并验证 H 形桩的工作机理与结构性能。林天健[45]从力学角度对 H 形桩作了较详细的阐述,分析表明,H 形桩作为摩擦型桩时,其桩侧摩阻力较常规等截面桩得到更充分的发挥。肖世国[46]针对边坡治理,提出了 H 型组合抗滑桩的设计思路,并结合四川广巴高速公路一大型堆积体路堑边坡治理工程,建立了相关的分析计算方法;相关结果为推广 H 形桩在工程建设上的应用提供一定的参考价值。

6. T 形桩技术及其研究现状

T 形桩(也称桩板墙)是将传统的矩形截面改为 T 形截面,在矩形桩的受压侧各加一翼缘,减少挡土板的跨度、节省部分桩长;该结构形式较早在铁路南昆线边坡治理中得到应用[47]。T 形桩与常规等截面圆桩、方桩相比,其截面周长大、抗弯模量大,可承受更大的水平力和竖向力,将其应用于软弱土层厚、承载能力差、结构运营期间沉降要求严格等重要大型码头工程,可减少工后沉降和墙体的水平位移,提高结构性能,降低造价,具有显著的经济效益。结合埃及塞得东港集装箱码头二期工程 T 形桩墙施工工程,在超深 T 形桩墙在高水位的深厚软弱土层中的成槽施工时,周翰斌[48]探讨槽壁易坍塌和确保槽孔垂直度大于 1/300 两个问题。

7. 十字形桩、工字形桩、L 形桩及 I 形桩等技术及其研究现状

十字形桩、工字形桩、L 形桩及 I 形桩等技术,作为各具特色的横截面异形

桩,有其各自的研发背景、应用范围和技术优缺点[49~51]。相关研究人员,针对各类横截面异形桩进行试验研究与机理分析,但限于相对更复杂的结构形式,这些横截面异形桩在工程实际中应用相对偏少。

1.2.2　纵截面异形桩研究现状

通过改变桩身纵截面的几何特性,利用沿深度方向桩-土相互作用原理,以达到增大桩侧摩阻力与桩端阻力的"异形"力学效果。与等截面桩相比,纵截面异形桩具有更优化的桩侧摩阻力或桩端阻力,单位混凝土材料承载利用率高。近年来,纵截面异形桩技术及其应用得到了快速发展;目前常见的纵截面异形桩主要有:扩底桩、楔形桩、钉形搅拌桩、挤扩支盘桩以及 DX 桩等。

1. 扩底桩技术及其研究现状

扩底桩是通过在等截面桩端进行扩大头施工,形成局部桩径较大的桩基形式;通过合理地扩大桩底直径,达到增大桩端阻力的目的,扩大头的存在不仅可以有效提高桩端阻力,而且可以显著提高桩基的抗拔承载性能。目前,扩底桩在国外使用最广泛的是日本的 TFP 工法扩底桩[52];在我国应用最广泛的是锅底形扩底桩[53]。扩底桩不宜盲目追求扩底面积,而要以合理的扩底面积发挥最大的端阻,同时又能充分利用持力层中土体提供的侧阻力,从而能更好地发挥桩端土的作用。

同时,扩底桩作为抗拔桩的应用也日趋增多[54]。针对扩底桩的承载力特性,基于现场试验方法,分析扩底桩在竖向抗压、竖向抗拔和水平向荷载作用下的工作机理,研究了扩底桩在三个不同方向的承载性能,并与等截面桩的承载特性进行对比分析。相关研究结果表明,扩底桩较等截面桩有明显的优点,为扩底桩在实际工程中的推广应用起着重要的作用[55, 56]。

不同的地基土环境中扩底桩的竖向(抗压或抗拔)和水平向承载特性模型试验(离心机或常规缩尺)结果[57, 58],为探讨扩底桩桩端承载机制、扩底桩承载力计算公式的提出提供了数据支持。基于数值模拟方法,分析了扩底桩在受荷过程中的力学性质变化和桩-土相对位移变化,以及极限承载力的影响因素和破坏机理,同时还比较分析了扩底桩单桩和群桩的承载性状特点[59~61]。基于理论分析的方法,结合扩底桩的现场实测数据,建立了桩端阻力、桩侧摩阻力和极限承载力的计算公式,为相关设计、行业规范提供依据[62~65]。

2. 楔形桩技术及其研究现状

等截面桩的竖向轴力分布是沿桩顶到桩底是逐渐减小的;考虑到材料的充分利用,可以考虑将桩身改造成楔形(基桩桩顶的截面尺寸大于桩端),这种桩型被称为楔形桩(或称锥形桩)。楔形桩中倒楔形角的存在可以有效提高桩侧正摩阻力,从而提高基桩的抗压承载力;也可以有效降低桩侧负摩阻力。

楔形桩最早起源于苏联,20 世纪 70 年代在我国有初步的应用;20 世纪 90 年代,随着对楔形桩承载性能和设计方法认识的逐渐提高,其工程应用也有所增加。目前楔形桩不仅被用于竖向抗压承载,而且还被用于水平向承载、消除土的沉陷性、提高土体的抗冻胀能力等方面。

近年来,国内外许多专家学者分别采用现场试验[66,67]、模型试验[68~71]、数值模拟[72]和理论分析[73~75]研究的方法对楔形桩的承载特性进行了系统研究。研究结果表明,与常规等截面桩相比,楔形桩充分发挥和利用了桩身材料和地基土的工作性能,从而提高了单位材料承载力,降低了相应的工程造价。尽管由于其独特的桩型而具有良好的承载特性,楔形桩可用来处理软弱地基,但是在实际工程应用中,由于其设计、施工及其桩-土荷载传递规律机制研究等多方面的复杂因素,楔形桩的推广使用并不是很广泛。

3. 钉形搅拌桩技术及其研究现状

我国现行常规水泥土搅拌桩施工过程中,往往存在有效处理深度浅、甚至成桩质量差等缺点;易耀林等[76]提出利用设置两组半径不同的搅拌叶片,在土体不同深度通过伸缩组合搅拌叶片以形成桩体上部截面大、下部截面小的钉子形状的水泥搅拌桩。针对钉形搅拌桩复合地基承载特性,Liu 等[77]、闫超等[78]、Raongjant 等[79]开展了系列研究并取得了系统成果,为相关钉形搅拌桩复合地基的设计、施工与计算提供了参考依据。

4. 挤扩支盘桩技术及其研究现状

挤扩支盘桩是利用专用的挤扩设备在桩身不同的截面处扩大直径,以增加桩-土接触面面积,从而增加桩基承载能力或节省工程造价。既可以看成是多级扩大头的扩底桩,也可以看成是串珠式钻扩桩技术的延伸和发展[80],且该桩形适用土层广、成桩工艺适用范围广,施工过程对环境的影响相对较小。结合实际工程应用,相关研究人员开展了挤扩支盘灌注桩的竖向承载特性研究,并基于规范方法、结合工程案例分析,建立了该桩型的竖向承载力计算方法[81, 82],为相关工程的设计与计算提供了参考依据。

5. DX桩技术及其研究现状

DX桩(三岔双向挤扩灌注桩),是利用专用的DX挤扩装置,在钻孔内进行挤扩形成三岔分布扩大岔腔或近似的圆锥盘状的扩大头腔(扩大岔腔可以根据设计需要,沿桩深方面多处布置),然后下放钢筋笼、灌注混凝土,形成由桩身、承力岔、承力盘和桩根共同承载的纵截面异形桩[83]。针对DX桩竖向承载特性,沈保汉[84]、陈立宏等[85]开展了DX桩现场静载荷试验,并与后注浆灌注桩的承载特性进行对比分析;探讨了承力盘大小、数量、间距、位置,以及盘腔的首次挤扩压力值等因素与承载特性的关系。由于DX桩侧面型腔的挤扩,一般适用于黏性土、粉土、细砂土、砾石、卵石等,不适用于淤泥质土、风化岩层。

1.3　扩底楔形桩主要关键技术问题

扩底楔形桩是通过改变纵向截面形式,从而优化承载性能的桩型;同时,由于截面的竖向不均匀性,受力特性也有别于常规桩型,扩底楔形桩有其自身的使用范围和设计规范。因此,目前研究及应用中扩底楔形桩存在的关键性技术问题主要有:

(1)扩底楔形桩作为纵截面异形桩,其特有的截面形式决定了其施工工艺的特殊性;完善合理的施工工艺,确保施工形成的桩身截面形式,对影响桩基承载特性具有非常重要的意义。因此,扩底楔形桩施工工艺的研究和规范是保证扩底楔形桩成桩质量的关键步骤,探讨适用于该桩型的一套合理的施工工艺是相关工程技术人员重点关注的问题之一。

(2)扩底楔形桩在受力过程中可能会产生部分应力集中或边角效应,竖向横截面小的位置很可能成为弯矩最大的位置,从而产生薄弱点。因此,设计合理的截面形式及尺寸,根据其桩型的特点进行设计应用,对于原有针对常规桩型设计规范不适用的地方要及时制定适用于该桩型的新规范。同时需要明确适用范围和适用性,要用其所长,避其所短。

(3)扩底楔形桩开发最主要目的是兼顾单位材料桩侧摩阻力和桩端阻力的发挥程度。等混凝土用量前提下,扩底楔形桩较等截面桩的提高程度如何,延长施工工期(扩底楔形桩较等截面桩多一道桩底扩大头施工工序,因此,会导致其施工工期相对更长一点)换取更高的承载力是否有必要,有待于深入系统研究。

(4)扩底楔形桩中楔形角的存在,可以提高竖向荷载下桩侧正摩阻力、减少桩侧负摩阻力。然而,当桩基承受上浮(拔)荷载作用时,楔形角的存在会削弱桩基竖向抗拔承载力。因此,非常有必要针对扩底楔形桩的竖向抗拔承载特性进行研究,等混凝土用量条件下,对比分析扩底楔形桩与扩底桩之间的抗拔承载特性,探讨楔形角的存在对扩底楔形桩抗拔承载特性的削弱效应。

(5)桩基水平向承载特性不仅与土体侧向强度有关,而且与桩身抗弯刚度有关。桩基纵向截面形式的变化会改变基桩的抗弯刚度,从而影响其水平向承载特性。因此,探讨扩底楔形桩沿桩深方向的抗弯刚度及其对水平向承载特性的影响,有待深入系统研究。

(6)扩底楔形桩开发的第二个主要目的是降低地面堆载或地下水位下降影响的负摩阻力对基桩承载力的影响,楔形桩身段对负摩阻力的降低幅度、扩大头对负摩阻力的影响等均需相关技术人员开展研究。

(7)桩基承载特性不仅与桩型有关,而且与桩基施工类型和施工过程有关。扩底楔形桩特殊的沉桩方法(包括楔形桩静压挤土沉桩和扩大头夯扩施工或者注浆施工)对其承载特性有一定的影响。因此,开展扩底楔形桩施工过程模拟与研究,对了解扩底楔形桩承载性能和工程设计与计算具有重要意义。

1.4　本书的主要研究内容及技术路线

为了深入、全面地研究扩底楔形桩技术及其承载特性,本书采用大比尺模型试验、小比尺透明土模型试验、数值模拟以及理论分析等相结合的方法,对竖向荷载、水平向荷载和地面堆载情况下扩底楔形桩的承载特性等进行系统研究,揭示扩底楔形桩受力特性及桩-土相互作用机理;探讨扩底楔形桩施工中楔形桩静压挤土沉桩、桩端扩大头夯扩或注浆施工过程对桩周土体应力场与位移场的影响规律;为扩底楔形桩的设计与计算提供参考依据,以便加速其推广应用。研究工作主要从以下几个方面开展:

(1)系统介绍扩底楔形桩的开发思路、设计方法以及施工工艺,并对其质量检测方法和应用范围进行了简要探讨。

(2)开展扩底楔形桩单桩竖向抗压承载特性试验研究和数值模拟分析,并结合等混凝土用量条件下的等截面桩作为对比分析,对扩底楔形桩的竖向抗压承载性能进行了初步的探讨,定量分析扩底楔形桩与等截面桩承载性能的优劣,探讨竖向抗压承载力的影响因素与规律,建立考虑纵向截面异形效应的竖向承载力与沉降理论计算方法。

(3)开展扩底楔形桩单桩竖向上拔承载特性试验研究和数值模拟分析,同时开展等混凝土用量条件下的常规扩底桩进行对比试验,根据对比结果,分析扩底楔形桩的竖向抗拔承载作用机理,探讨楔形角对抗拔承载力的削弱效应,并提出相应的优化建议。基于极限平衡原理,建立扩底楔形桩竖向极限荷载下的统一复合破坏面,根据最大最小值原理,确定复合破坏面函数中的未知参数及其函数表达式,从而计算得到极限承载力。该计算方法可以简单、有效地计算出扩底楔形桩的抗拔承载力,同时可以推广应用于常规扩底桩。

(4)开展扩底楔形桩单桩水平向承载特性试验研究和数值模拟分析,同时开展等混凝土用量条件下的等截面桩之间的对比试验。根据对比结果,分析扩底楔形桩水平向承载作用机理,定量分析其水平向承载性能与等截面桩相比的优劣性。分别基于文克尔地基模型和 $p-y$ 曲线法,建立考虑纵向截面异形的扩底楔形桩水平向承载力弹性和弹塑性理论计算方法。

(5)开展地面堆载作用下扩底楔形桩桩身下拽力和桩顶下拽位移特性试验研究和数值模拟分析,同时开展等混凝土用量条件下的等截面桩之间的对比试验。根据对比结果,分析扩底楔形桩负摩阻力特性及其作用机理,定量分析其地面堆载作用下扩底楔形桩承载性能与等截面桩相比的优劣性。建立小楔形角范围内,扩底楔形桩的桩身下拽力和桩顶下拽位移理论计算方法。

(6)开展楔形桩沉桩过程和扩大头注浆施工过程的可视化透明土模型试验,探讨施工过程中桩周土体位移场的变化规律。结合数值模拟方法,分析扩底楔形桩施工过程中桩周土体应力场的变化规律。基于圆柱孔扩张理论和球孔扩张理论,建立楔形桩沉桩过程和扩大头注浆施工过程的理论计算方法,探讨桩周土体位移与应力场的变化规律,分析沉桩阻力及其对基桩整体承载力的影响规律。

针对本书研究的主要内容,技术路线图如图1.1所示。

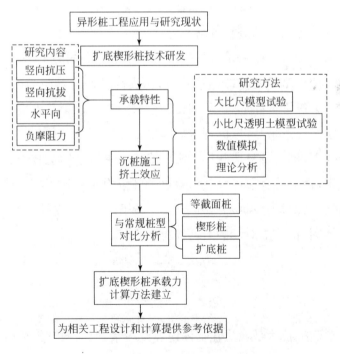

图1.1　本书研究内容的技术路线图

第 2 章　扩底楔形桩的技术开发

2.1　开 发 思 路

刘汉龙教授在《岩土工程技术创新方法与实践》一书中总结归纳了优缺点互补创新法、逆向思维创新法、组合技术创新法、希望点列举创新法、触类旁通创新法、强制联想创新法和扩散(发散)思维创新法方法 7 种创新方法[86]。作者采用组合技术创新法,综合考虑楔形桩身段提高桩侧摩阻力和扩大头增加桩端阻力的技术优势,形成扩底楔形桩新技术,并运用触类旁通创新法对新型扩底楔形桩技术的施工工艺进行创新与优化。

桩侧摩阻力和桩端阻力是桩基础竖向抗压承载力的两个组成部分:楔形桩是一种通过改变桩基纵向横截面形式,从而提高桩侧正摩阻力的桩型;扩底桩是一种通过增大桩端截面形式,从而提高桩端阻力的桩型。由楔形桩身段和扩大头组成的扩底楔形桩,可以体现常规楔形桩和扩底桩的截面技术优势。竖向受压荷载形式下,楔形桩身段和扩大头形式均对桩基整体承载力有利。地面堆载荷载形式下,楔形桩身段可以有效减少负摩阻力对桩顶下拽位移及桩身下拽力的影响、扩大头对桩基承载力影响不大。竖向上拔荷载形式下,楔形桩身段对承载特性不利、扩大头对承载力特性有利[87]。

2.2　设 计 方 法

后注浆预制桩技术是通过在桩体内埋设注浆管,当预制桩沉桩施工完成之后,通过注浆管对桩侧、桩端或者桩侧桩端联合注浆,以提高桩侧摩阻力和桩端阻力。后注浆施工工艺简单、适应性广,且对注浆设备要求不高,近年来在国内得到了快速发展。然而,目前后注浆预制桩中注浆浆液均是以水泥浆液为主,因此其注浆强度、注浆压力以及桩基承载力提高程度等注浆效果均受水泥浆液情况的限制。水泥浆液与预制桩侧之间的黏结力较小,从而导致桩侧摩阻力提高不明显。在长时期灌注浓浆时,水泥浆液容易在射浆管附近凝固,从而影响进一步注浆效果。注浆管预先埋设在预制桩体内,不可以回收重复利用,既不经济又不环保。在预制桩两根管节接头部位,注浆管衔接技术难度高、效果不好等缺点。

扩底楔形桩是基于结合扩底桩和楔形桩的优点而开发的一种新桩型,通过在常规预应力楔形管桩的桩端人工挖孔及夯扩混凝土或者预埋注浆管注浆形成桩端扩大头的新型桩基形式。当采用预埋注浆管注浆施工扩大头时,采用高聚物材料注浆且将注浆管埋在预应力管桩内的桩芯土中,一定程度上可以避免水泥浆液注浆存在的一些弊端。

2.3　施　工　工　艺

2.3.1　人工挖孔及夯扩扩底楔形桩施工工艺

通过在常规预应力楔形管桩的桩端人工挖孔灌注混凝土,形成桩端扩大头的扩底楔形桩施工工艺包括以下几个步骤:

(1)采用静压法或锤击法将带有桩靴的预应力楔形管桩沉入土中至设计深度。

(2)取出桩靴及管桩内桩芯土,并检验管桩桩身质量以及复测沉桩深度。

(3)桩端扩底施工,使桩端底部形成一个大于下部桩径的底座空腔。

(4)下沉处于收缩状的变径放射状钢筋笼至设计标高、然后施工荷载使其打开成放射状。

(5)灌注混凝土等填充材料,并夯扩以形成扩大头[88]。

具体施工流程如图 2.1 所示。扩底楔形桩作为一种刚性桩,根据目前桩机机械设备条件,最大桩深可达 30m 左右,且桩身质量容易控制、施工效率高、单位材料承载力高。

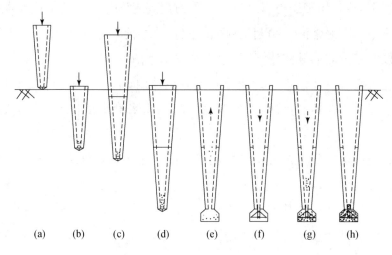

图 2.1　人工挖孔夯扩扩底楔形桩施工工艺示意图[88]

2.3.2　高聚物注浆扩底楔形桩施工工艺

一种高聚物材料注浆扩底楔形桩技术,其桩身为带注浆孔的预应力楔形管桩,且在桩侧和桩端通过注浆管采用高聚物材料压力注浆[89~91]。该施工工艺技术主要包括如下几个特征:

(1)预应力楔形管桩桩身四周侧壁交错布置注浆孔,内壁口小、外壁口大的圆台形注浆孔配置木塞。

(2)桩侧及桩端注浆浆液为高聚物材料,注入桩侧的高聚物材料可以改善桩周土体密实度、提高桩-土接触面强度,注入桩端的高聚物材料在桩端可以形成扩大头,提高桩端阻力。

(3)高聚物材料浆液同时与桩芯土混合,并填充预应力楔形管桩内部空间,形成轻质实心桩。

(4)注浆的高聚物材料具有防水性能优良、膨胀成型后体积收缩小(10 年内体积收缩近似为 1%～3%)、施工便捷、强度提高迅速(材料注射后 15min 内即可形成 90%的强度)、自重轻以及体积膨胀率大(可以达到液体体积的 10～

20 倍)等优点,同时可以避免常规水泥浆液凝结注浆管等技术问题。

高聚物注浆扩底楔形桩的施工工艺步骤如下:

(1)利用静压法将带注浆孔和木塞的预应力楔形管桩压至设计深度。

(2)在预应力楔形管桩内,将带钻头的刚性注浆管沉入桩底,盖好压力盖帽,连接柔性注浆管、刚性注浆管以及注浆泵,并检验其密封性。

(3)接通注浆泵对桩端进行压力注浆,注浆 3～5min 之后,边上拔刚性注浆管边注浆,上拔速率与注浆压力相关,一般为 1m/min,使高聚物材料浆液在桩端、桩侧形成聚合物与土体的混合体。

(4)拔出刚性注浆管后,打开压力盖帽,开挖 0.3～0.7m 深度桩芯高聚物材料和土体混合物,回灌混凝土填料,形成桩帽,最终完成基桩施工。

高聚物注浆扩底楔形桩施工工艺如图 2.2 所示。此外,最好先对桩进行充分的预压,使侧阻力得到充分的发挥。

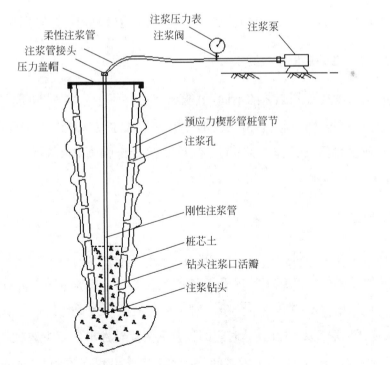

图 2.2　高聚物注浆扩底楔形桩施工工艺示意图[89]

2.4　质量检测与效果评价

从扩底楔形桩工程实际应用的角度出发,有了完善的施工方法,也必须有与之配套的质量检测验收方法。桩的质量检验主要包括以下两个方面的内容:

(1)桩身质量完整性检测(桩长、桩径和桩身混凝土质量等是否符合设计要求)。

(2)作为承载结构桩的承载力或者荷载沉降性状检测。

扩底楔形桩的楔形桩身段为预应力楔形管桩,其在工厂制作过程中的质量控制与检测方法参照《预应力混凝土管桩基础技术规程》(DGJ32/TJ 109—2010)[92]进行。扩底楔形桩检测方法,主要是参照《建筑桩基技术规范》(JGJ 94—2008)[93]和扩底楔形桩的实际特点来确定的。主要质量检测方法有:扩大头钻芯取样检测、低应变反射波法检测以及静载荷试验检测等几种。

2.4.1　扩大头钻芯取样检测

扩大头根据施工工艺的不同,可能为夯填混凝土材料,也可能是高聚物材料与土体的混合物;通过预应力楔形管桩内部,对扩大头材料进行钻芯取样,然后进行质量检测。具体参照《钻芯法检测混凝土强度技术规程》(CECS 03—2007)进行。

2.4.2　低应变反射波法检测

由于扩底楔形桩的截面形式沿桩深方向变化,因此,低应变反射波法在扩底楔形桩中的传播区别于常规等截面桩,有必要专门针对扩底楔形桩开展专项的低应变反射波法检测技术分析。对于反射波波形规则、波速正常、桩底反射明显、易于读取反射波段到达时间的桩判断为完整性桩。有少数桩的反射波到达时间小于桩底反射波到达时间、波形复杂且出现多次反射的桩判断为缺陷桩。

2.4.3　静载荷试验

竖向及水平向静载试验现场实物图如图 2.3 所示,采用现场静载荷试验确定单桩竖向及水平向极限承载力时,试桩数量需满足相关国家规范的要求。试验步骤及极限承载力的确定与等截面桩没有区别,可按《建筑桩基技术规范》(JGJ 94—2008)[93] 中的方法进行,此处不再赘述。

图 2.3　竖向及水平向静载试验现场实物图

2.5　应用范围

扩底楔形桩是结合桩侧倒楔形角和桩端扩大头的优点而开发的一种新桩型,可以更好地发挥承载性能。通过在常规预应力楔形管桩的桩端人工挖孔夯扩混凝土或者预埋注浆管注浆形成桩端扩大头的新型桩基形式。其研发的主要目的是,用于承受竖向抗压承载力的桩基础或者是承受竖向荷载为主的桩基复合地基加固工程。因而,其应用范围主要有:①多层及小高层建筑物桩基础;②公路、铁路以及市政道路的地基处理。当地基持力层强度与软弱层强度相差不是很明显时(如压缩强度差为 1~5 倍),相对更容易同时发挥扩底楔形桩的桩侧正摩阻力和桩端阻力的效能。

第 3 章 竖向抗压承载特性

3.1 引　　言

优化桩基纵截面形式以提高桩侧摩阻力或桩端阻力，是提高混凝土单位材料利用率的最有效方法之一。由倒楔形角桩身段和扩大头组成的扩底楔形桩，竖向抗压承载是其截面形式优越性的最重要体现。本章结合大比尺模型试验[94]、小比尺透明土模型试验[95]、数值模拟[87]和理论分析[96]的方法，针对竖向下压荷载作用下扩底楔形桩的承载特性开展研究，并与等混凝土条件下等截面桩进行对比分析，探讨桩侧截面形式对基桩竖向抗压特性影响分析，为相关工程设计与计算提供参考依据。此外，作者及团队已编制扩底楔形桩竖向抗压相关软件，方便后续计算。

3.2 大比尺模型试验

3.2.1 模型试验概述

1. 模型槽与试验土料

本试验在尺寸为 2m×2m×2.5m(长×宽×高)的模型槽中进行，槽壁由钢板和高强度有机玻璃组成，槽底为钢筋混凝土地面，具体模型槽实物图如图 3.1 所示。

试验用土为河南焦作地区天然河砂，在模型槽内通过人工分层填筑、整平压实的方法来完成试验土料的填筑。通过模型槽现场取样，室内土工试验测得地基土物理力学性质指标如下:天然含水率为 2.3%,天然密度为 1.45g/cm³,相对密实度为 78%,黏聚力为 15kPa,内摩擦角为 35.9°,压缩模量为 11.1MPa;砂性土颗分试验结果如图 3.2 所示。地基土填筑完成后,在试验模型桩附近进行现场 CPT 试验,测试现场布置如图 3.1 所示,端阻力和侧阻力测试结果如图 3.3 所示。

图 3.1 模型槽及 CPT 测试现场实物图

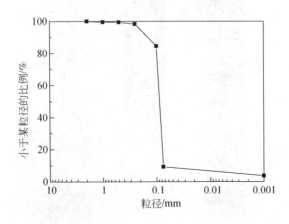

图 3.2 砂土颗分试验结果曲线

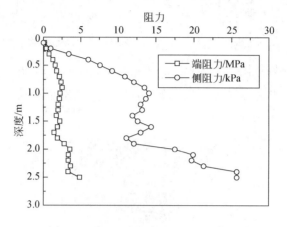

图 3.3　砂土地基现场 CPT 试验结果

2. 模型桩制作

试验模型桩为 1 根扩底楔形桩和 1 根等截面桩;模型桩桩身混凝土强度为 C20,水泥强度等级为 42.5R,其水灰比为 0.47:1:1.34:3.13;钢筋笼主筋 3ϕ8,箍筋 ϕ6@155,并在钢筋笼内布置应变计。扩底楔形桩模型桩浇注模具、钢筋笼及浇注完成的模型桩实物如图 3.4 所示。浇注混凝土材料时,按照规范

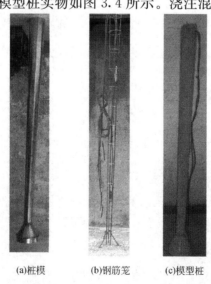

(a)桩模　　　　(b)钢筋笼　　　　(c)模型桩

图 3.4　扩底楔形桩桩模、钢筋笼及浇注完成模型桩

要求制作 3 个 15cm × 15cm × 15cm 标准试样,根据混凝土无侧限抗压强度试
验测得其抗压强度为 21.2GPa。试验采用等混凝土用量的等截面桩作为对比
分析,两种模型桩的实物图和具体尺寸示意如图 3.5 所示。

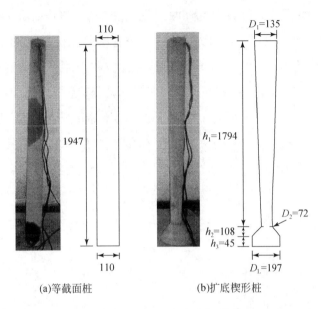

(a)等截面桩　　　　　　　　　　(b)扩底楔形桩

图 3.5　模型桩实物及尺寸示意(单位:mm)

3. 测试元器件布置

现场模型桩埋设的时候,在桩端埋设振弦式土压力盒(量程为 4MPa),在
桩顶上部布置 YHD-100 型位移传感器(量程为 ±50mm,外形尺寸:长 140mm,
直径 15mm×25mm,输出灵敏度为 $200\mu\varepsilon/mm$),在模型桩内部的钢筋笼上绑扎
振弦式混凝土应变计,间距为 0.486m。

4. 加载方式及试验工况

竖向加载试验采用油压千斤顶(最大加荷 10t,行程 15cm)来提供竖向静荷
载。参照《建筑地基基础设计规范》(GB 50007—2011)[97]中维持荷载法分级加
载、测量相关读数,并按照其终止试验标准进行控制。

3.2.2　试验结果与分析

等截面桩和扩底楔形桩的荷载与沉降关系曲线规律如图 3.6 所示。由图 3.6 可知,扩底楔形桩的荷载与沉降曲线先呈缓变型,随着荷载的加大,后期变成陡降型。等截面桩的荷载沉降曲线属于缓变型的。扩底楔形桩在受荷过程中,当竖向荷载从 45kN 增大到 48kN 时,桩顶位移急剧下降,根据荷载沉降判别法确定该扩底楔形桩的极限承载力为 45kN,同样等截面桩的极限承载力为 24kN,本章试验条件下,等混凝土用量下扩底楔形桩的竖向承载力约为等截面桩的 1.88 倍,说明桩底的扩大头和桩侧的倒楔形角有利于发挥桩-土相互作用,提高单桩承载力。

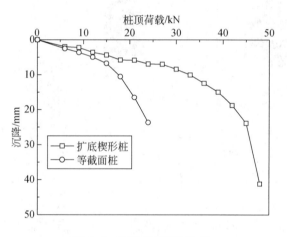

图 3.6　荷载沉降关系曲线

桩端位移与桩端阻力的关系曲线和分担桩顶荷载比例的分布曲线分别如图 3.7 和图 3.8 所示。由图 3.7 可知,桩端位移相同的情况下,扩底楔形桩的桩端阻力要明显大于等截面桩,这主要是由于扩大头端部与持力层土体相互作用面积较大所造成的。由图 3.8 可知,扩底楔形桩在受力过程中,桩侧摩阻力先得到有效发挥,桩端阻力后得到发挥,最后两者达到一个平衡。两者发挥的比例,不仅与扩底楔形桩的截面形式有关,而且与桩侧土体与桩端土体的压缩模量比有关。等截面桩的桩侧摩阻力在整体承载力的承担比例从 91% 降到

64%,最后与桩端阻力承担的比例都保持不变。

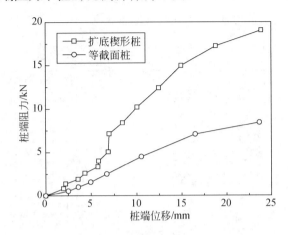

图 3.7　桩端位移-桩端阻力关系曲线

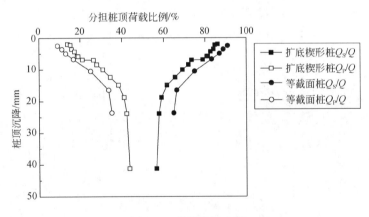

图 3.8　荷载分担比例

在各级桩顶荷载作用下,扩底楔形桩和等截面桩的桩身轴力随深度的传递规律如图 3.9 所示。可以看出,在每级荷载作用下,扩底楔形桩和等截面桩的桩身轴力在桩顶位置最大、桩底位置最小。由图 3.9(a)可知,在不同的深度下,扩底楔形桩桩身轴力曲线有不同的递减趋势,桩身上部(0~0.5m)轴力减小的速度有所增加,桩身中部(0.5~1.5m)轴力曲线变化不大,桩身下部(1.5~2.0m)轴力有所降低,说明随着桩顶荷载的增加,桩身上部的桩侧摩阻力逐渐增大,且上部的摩阻力增幅要比下部的大。图 3.9(b)反映了等截面桩的桩身轴力随深度的变化趋势,桩身轴力从桩顶到桩底的递减速率基本相同,说明等截面桩各个深度的桩侧摩阻力递增趋势基本一致。

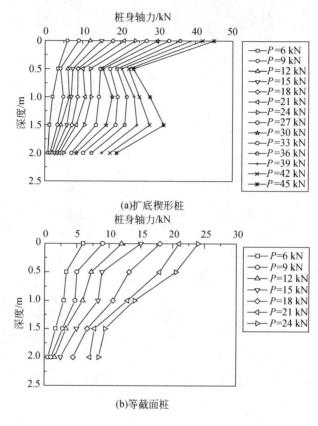

(a)扩底楔形桩

(b)等截面桩

图 3.9　桩身轴力分布曲线

3.3　小比尺透明土模型试验

3.3.1　模型试验概述

1. 试验装置

本节所采用的试验装置由透明土材料[98]、模型桩、线性激光器、相机等图像采集及后处理系统和试验台等几部分组成。采用由计算机自动控制采集拍摄、分辨率为 1280 × 960 的 CCD 相机；图像后处理系统采用 PIVview2 软件，基于 PIV 技术处理原理分析图像[99]；线性激光器最大功率为 2W，线性激光器照射透明土会形成一个散斑场。当激光功率较大时，在桩身处光线会反射，造成此处散斑场较为模糊；而当激光功率较小时，桩身处的散斑场也会模糊，所以选择合适的激光功率对散斑场的清晰程度很重要。模型桩静载荷试验装置布置示意图及透明土中扩底楔形桩实物图如图 3.10 所示。

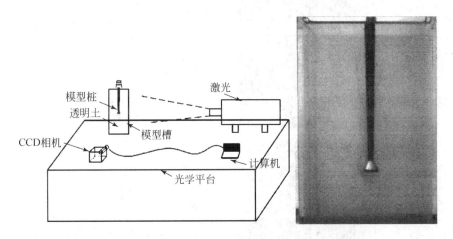

图 3.10　模型试验装置示意图及透明土中模型桩实物图

2. 模型试样制作

试验模型桩由不锈钢材料制作而成，各根模型桩的尺寸及试验工况如表 3.1 所示；等截面桩和扩底楔形桩实物与尺寸示意图如图 3.11 所示。

表 3.1　模型尺寸及试验工况

编号	桩型	桩长 L/mm	桩径($D_1/D_2/D_L$)/mm	D/mm
		60	7.6/5.7/14.7	—
1	扩底楔形桩	90	8.7/5.7/14.7	—
		110	9.4/5.7/14.7	—

编号	桩型	桩长 L/mm	桩径($D_1/D_2/D_L$)/mm	D/mm
2	等截面桩	60	—	7.7
		90	—	7.7
		110	—	7.7

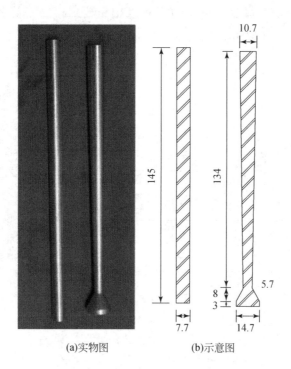

(a)实物图　　　　(b)示意图

图3.11　等截面桩和扩底楔形桩模型桩(单位:mm)

　　试验所采用的"土"样为透明土材料[98];模拟土体颗粒的为熔融石英砂(或称烘烤石英砂、玻璃砂),比重为2.186,略比天然砂土的小;试验中选择0.5～1.0mm的粒径,其最小和最大干密度分别为0.970g/cm³和1.274g/cm³;模拟饱和土体中孔隙水是由15♯白油与正12烷按4∶1质量比混合而成的孔隙液体。熔融石英砂和制配成的孔隙液体,两者的折射率均为1.4585。

　　试验所采用的模型槽尺寸为130mm × 130mm × 260mm(长×宽×高),由5mm厚的透明有机玻璃制作而成;模型槽的一个侧壁设置刻度,供图像处理用。

3.3.2 试验结果与分析

1. 荷载与沉降关系分析

等截面桩和扩底楔形桩的荷载与沉降关系曲线分别如图 3.12(a)和(b)所示。两种桩的承载能力均与桩长相关,且近似随桩长线性增长。由图 3.12(a)可知,等截面桩在三种不同桩长情况下的破坏曲线形式均表现为缓变型。由图 3.12(b)可知,与等截面桩不同,扩底楔形桩的破坏曲线形式表现为陡降型,且桩

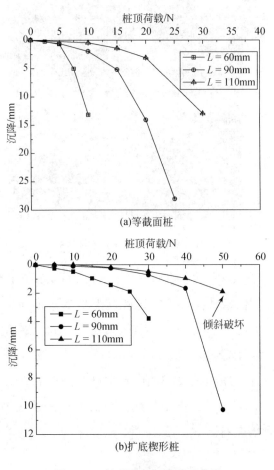

图 3.12 桩顶荷载沉降关系曲线

长为 110mm 工况时,在 60N 荷载下发生倾斜破坏,倾斜破坏时的模型桩形态
(如转动角等)实物图如图 3.13 所示。由图 3.13 可知,侧向倾斜破坏近似表现
为刚性转动且转动点为桩端、转动角约为 10°,桩体上部受压侧侧面土体发生表
面隆起现象。

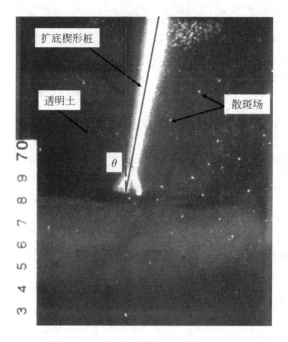

图 3.13　扩底楔形桩倾斜破坏实物图

　　两种对比桩型在 110mm 桩长情况下的桩顶荷载与沉降关系曲线如图
3.14 所示。可以看出,等材料用量的扩底楔形桩的竖向承载力明显较等截面
桩大;且桩基的受力形式表现为端承型桩,这可能是由于模型桩桩侧摩擦系数
相对较小造成的。基于《建筑桩基技术规范》(JGJ 94—2008)[93],结合荷载与沉
降关系曲线确定桩基的极限承载力值,本书试验所得桩基极限承载力值如表
3.2 所示。由表 3.2 可知,等工况下扩底楔形桩的极限承载力较等截面桩的极
限承载力提高 1.5 倍左右。

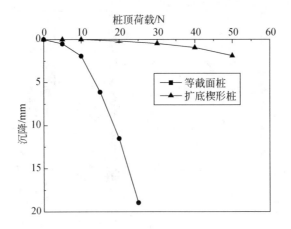

图 3.14　荷载沉降关系曲线对比图($L=110$mm)

表 3.2　桩基极限承载力值

编号	桩型	桩长 L /mm	极限承载力 /N
1	扩底楔形桩	60	25
		90	40
		110	50
2	等截面桩	60	5
		90	15
		110	20

2. 破坏状态下桩端土体位移场

以土体在破坏状态下的位移量与极限荷载状态下的土体位移量的差值作为对比对象,分析破坏状态下桩端土体位移场规律。极限破坏状态下的两种桩型(以 90mm 桩长为例)的桩端土体位移矢量图如图 3.15 所示,桩端位移局部放大图也展示在图中。由图 3.15 可知,极限破坏状态下,由于扩大头的存在,扩底楔形桩对桩端土体的扰动较等截面桩的大;扩底楔形桩的桩端土体破坏形式,主要表现为整体局部剪切破坏。

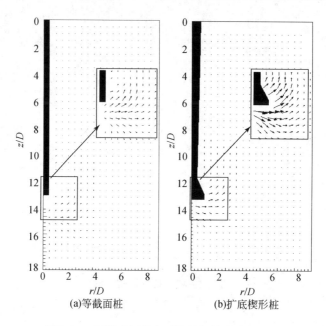

图 3.15　极限破坏状态下桩端土体位移矢量图

3. 破坏状态下桩周土体位移场

极限破坏状态下的两种桩型(以 90mm 桩长为例)的桩周土体位移轮廓图如图 3.16 所示。可以看出,破坏状态下等截面桩和扩底楔形桩的桩周土体位移最大位移量分别约为 0.15mm 和 1mm,且均发生在桩体端部;扩底楔形桩扩

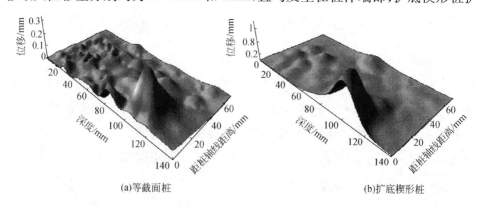

图 3.16　桩周土体位移轮廓图

大头的直径约为等截面桩直径的 2 倍,然而,其引起的桩周土体位移量为等截面桩的 7~10 倍。

3.4　数值模拟分析

3.4.1　数值模型建立

1. 模型建立及参数选择

本节基于 FLAC[3D] 数值模拟软件,建立扩底楔形桩和等截面桩的数值模型,其 1/4 模型的几何模型与网格划分图如图 3.17 所示,两桩型截面形式符号及尺寸如图 3.18 所示。桩端土为砂性土、桩周土为黏性土,土体本构模型为莫尔-库仑模型;桩体采用各向同性弹性模型,桩-土接触面采用库仑滑动模型(切

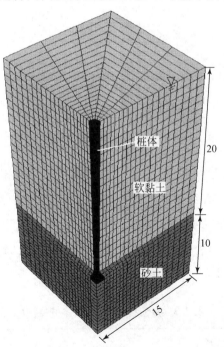

图 3.17　扩底楔形桩模型尺寸与网格划分图(单位:m)

向和法向弹簧刚度 k_s、k_n 取 10^7 kPa/m），除特别交代之外，本书数值模拟桩-黏土的摩擦系数为 0.3、桩-砂土的摩擦系数为 0.4，同时接触面摩擦系数可以通过桩-土黏聚力 c_a 和内摩擦角 φ 进行调整。

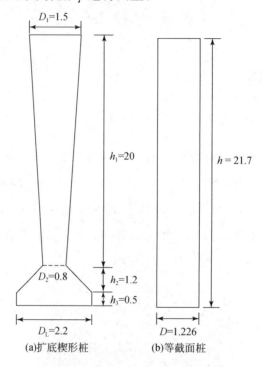

图 3.18　扩底楔形桩和等截面桩尺寸与符号示意图（单位：m）

　　由第 2 章施工工艺可知，扩底楔形桩的楔形桩身段和扩大头是两种施工过程或两种材料。但是，在数值模拟过程中，考虑简便性原则，将该两种材料视为一种材料，且不考虑桩芯土的影响；具体数值模型中桩、土材料特性如表 3.3 所示。地下水位设置在地表面，地表面设为自由边界，四周侧面设为竖向可动边界，底面设为固定边界。

表 3.3　数值模拟中桩、土体材料特性

材料	本构模型	E /MPa	υ	c /kPa	φ /(°)	ψ /(°)	K_0	γ / (kN/m³)
混凝土桩	各向同性弹性模型	20000	0.2	—	—	—	1.0	25

续表

材料	本构模型	E /MPa	υ	c /kPa	φ /(°)	ψ /(°)	K_0	γ /(kN/m³)
软黏土	莫尔-库仑模型	5	0.3	3	20	0.1	0.65	18
砂土	莫尔-库仑模型	50	0.3	0.1	45	10	0.5	20

2. 模拟工况确定

考虑桩周土与桩端土压缩模量的差异、桩身截面形式（楔形角、扩大头直径）以及桩身强度的影响,本节数值模拟开展工况如表 3.4 所示。

表 3.4　数值模拟工况

工况	E_{s1} / E_{s2}	θ /(°)	D_L/m	E_p/GPa
1	1000	1.0	1.6	2
2	100	0.7	2.2	20
3	10	0.4	2.8	80
4	1	—	—	—

注:E_{s1} 为桩端土体压缩模量;E_{s2} 为桩周土体压缩模量;θ 为桩基楔形角;D_L 为桩基扩大头直径;E_p 为桩基模量。

3.4.2　数值模型的验证与分析

根据扩底楔形桩单桩竖向抗压承载特性的模型试验,数值模型中所建立的扩底楔形桩的模型尺寸与模型试验中的一致,数值模型中土体的物理力学参数与模型试验中采用的试验用土一致。大比尺模型试验所得两种类型模型桩的实测荷载沉降(Q-s)曲线与数值模拟所得结果对比如图 3.19 所示。可以看出,各模型桩的数值模拟与大比尺模型试验的实测结果的荷载沉降 Q-s 曲线比较吻合。由此可以说明本节所建立的数值模型是合理的。

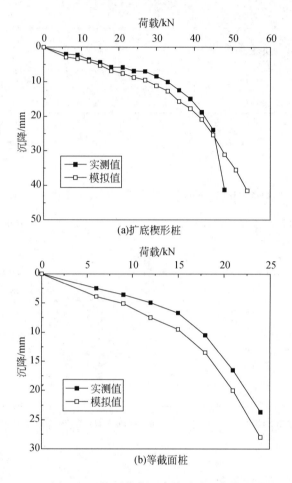

图 3.19　桩顶荷载沉降关系对比曲线

3.4.3　数值模拟结果与分析

1. 扩底楔形桩与等截面桩的对比分析

由图 3.20 可知,同等级荷载下,扩底楔形桩的桩顶沉降量较等截面桩的桩顶沉降量减少 30% 左右;两种桩型的荷载沉降规律一致。由图 3.21 可知,在 5000kN 桩顶荷载作用下,扩底楔形桩和等截面桩的桩身轴力沿桩深方向的分布规律有所差异,差异主要发生在扩大头附近,即扩大头的存在改变了桩端附近轴力的分配规律。

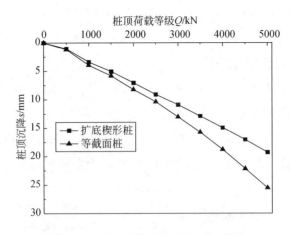

图 3.20　桩顶荷载与沉降关系对比图

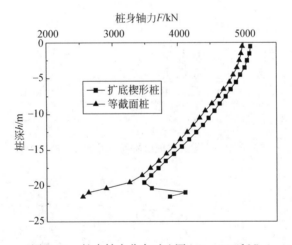

图 3.21　桩身轴力分布对比图（$Q = 5000$kN）

2. 桩端土体与桩周土体模量比的影响分析

不同桩端土体与桩周土体模量比（E_{s1}/E_{s2}）反映了桩基持力层与桩周土层的"强弱"差异。当 $E_{s1}/E_{s2} > 10$ 时，可视为良好持力层；当 E_{s1}/E_{s2} 在 1 附近时，说明桩端位于不良持力层上。

　　不同桩端土体与桩周土体模量比情况下,桩顶荷载沉降关系曲线如图 3.22 所示。可以看出,E_{s1}/E_{s2} 等于 1 时的荷载沉降关系曲线区别于其他类型,当 E_{s1}/E_{s2} 大于 100 之后,荷载沉降关系曲线差异不明显,这主要是由于 E_{s1}/E_{s2} 值折射出了桩基属于摩擦型桩还是端承型桩。

　　不同桩端土体与桩周土体模量比情况下桩身轴力分布曲线如图 3.23 所示。可以看出,桩身轴力沿着桩深方向逐渐减少,在扩大头附近有一个明显增大规律;在相同荷载下,随着 E_{s1}/E_{s2} 值的增加,其桩身轴力值也增加,即反映了 E_{s1}/E_{s2} 值越大、桩侧摩阻力发挥值越小、桩端阻力发挥值越大。

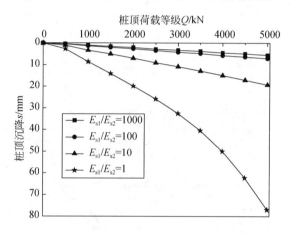

图 3.22　模量比对桩顶荷载与沉降关系的影响

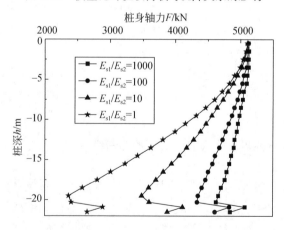

图 3.23　模量比对桩身轴力沿桩深方向分布关系的影响($Q = 5000$ kN)

3. 楔形角的影响分析

不同楔形角情况下桩顶荷载沉降关系曲线如图 3.24 所示。可以看出,小角度范围内,相同荷载等级下,桩顶沉降并没有随着楔形角的增大而减少,反而随着楔形角的减小而减少。由此说明,当桩身存在一个楔形角时,楔形角会增大桩侧摩阻力,但是并非楔形角越大,对其增加桩侧摩阻力越有利。

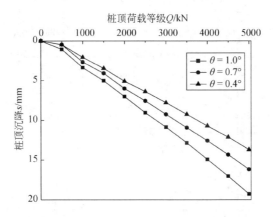

图 3.24 楔形角对桩顶荷载与沉降关系的影响

4. 扩大头直径的影响分析

不同扩大头直径情况下桩顶荷载沉降规律曲线如图 3.25 所示。可以看

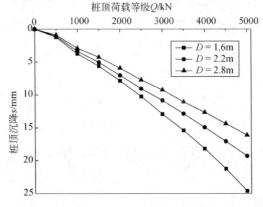

图 3.25 扩大头直径对桩顶荷载与沉降关系的影响

出，同等级荷载条件下，桩顶沉降值与扩大头直径成反比。不过，分析5000kN荷载下桩身轴力分布规律（图3.26）可知，随着扩大头直径的增加，桩身轴力在扩大头附近的应力集中更明显，即表现为轴力剧增。因此，尽管扩大头可以有效降低同等级荷载下的桩体沉降，但是扩大头直径还是要控制在一个合理的范围内。这也正是目前国内外常规扩底桩的扩大头直径一般为桩身段直径2倍左右范围的主要原因。

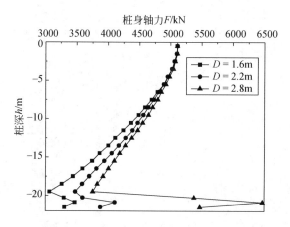

图3.26　扩大头直径对桩身轴力沿桩深方向分布关系的影响（Q=5000kN）

5. 桩体模量的影响分析

按照桩体刚度的不同，桩体可分为刚性桩和柔性桩两大类。刚性桩一般为钻孔混凝土灌注桩（桩体模量在20GPa左右）、预应力管桩（桩体模量为60～80GPa），柔性桩一般为水泥搅拌桩等（桩体模量在2GPa左右）。针对刚性桩和柔性桩的几种典型桩体刚度，开展其桩体模量对竖向抗压承载力影响的对比分析，桩体模量对桩顶荷载与沉降关系的影响规律如图3.27所示。当桩体模量在2GPa左右时，桩体属于柔性桩（如水泥土搅拌桩）；当桩体模量大于10GPa时，桩体可视为刚性桩（如素混凝土桩）；当桩身采用高强预应力管桩时，其桩身强度可达到80GPa。

由图3.27可知，刚性桩的荷载沉降关系类似，桩身模量为80GPa和20GPa对荷载沉降规律的影响较小；当桩身模量为2GPa时，由于桩体本身的压缩量较大,从而会导致相同荷载等级下,桩顶沉降量相对较大。不同桩体模量下桩身轴力分布规律曲线如图 3.28 所示。由图 3.28 可知,桩体模量为 20GPa 和 80GPa 时,桩身轴力分布规律差异很小;桩体模量为 10GPa 时,桩侧摩阻力的发挥相对更明显一些,即柔性桩的桩侧摩阻力发挥比刚性桩的桩侧摩阻力发挥程度要略高。

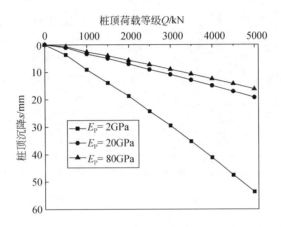

图 3.27　桩体模量对桩顶荷载与沉降关系的影响

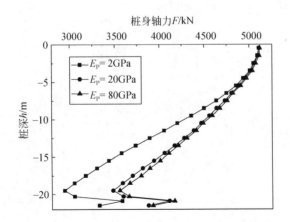

图 3.28　桩体模量对桩身轴力沿桩深方向分布关系的影响($Q=5000\text{kN}$)

3.5　理论分析计算

本节基于 Randolph 等[100]荷载传递法理论模型,建立考虑楔形角影响的扩底楔形桩荷载传递理论模型。通过与数值模型及等截面桩理论的对比分析,验证本节所建立的理论计算模型的准确性与可靠性;继而探讨楔形角以及扩大头直径等因素对其竖向抗压承载力特性的影响规律。

3.5.1　理论模型建立

1. 控制方程

扩底楔形桩在竖向荷载下,桩截面形式几何符号和 z 深度位置 dz 厚度微元段的受力状态如图 3.29 所示。

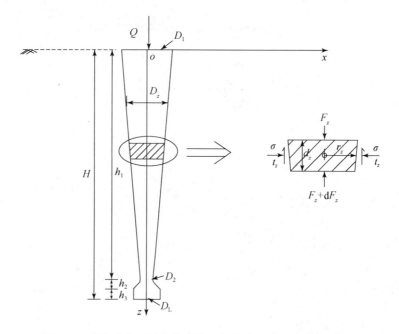

图 3.29　竖向荷载下扩底楔形桩几何符号及微元段受力示意图

考虑微元段竖向受力平衡,可以得到如下关系式:

$$\frac{\mathrm{d}F_z}{\mathrm{d}z} = 2\tau_z \pi r_z \tag{3.1}$$

式中,F_z 为 z 深度位置的桩身轴力;τ_z 为 z 深度位置的桩-土接触面处应力,是桩体位移 w_p 和桩-土初始接触面竖向分量的函数;r_z 为 z 深度位置处的桩体半径。

对于整体桩长为 $H(H = h_1 + h_2 + h_3$,符号所表示的位置和意义如图 3.29 所示),楔形桩身段楔形角为 θ,楔形桩身段平均桩径为 r_0 的扩底楔形桩,其桩体半径 r_z 沿深度方向可以统一表达为

$$r_z = \begin{cases} r_0 + \left(\frac{h_1}{2} - z\right)\tan\theta, & 0 < z \leqslant h_1 \\ \dfrac{0.5(D_3 - D_2)(z - h_1)}{h_2}, & h_1 < z \leqslant h_1 + h_2 \\ \dfrac{D_3}{2}, & h_1 + h_2 < z \leqslant H \end{cases} \tag{3.2}$$

桩体由于桩身轴力引起的桩身轴向应变,可以根据胡克定律表示为

$$\frac{\mathrm{d}w_p}{\mathrm{d}z} = \frac{F_z}{\pi r_z^2 E_p} \tag{3.3}$$

式中,E_p 为桩体材料的杨氏模量。

联立式(3.1)~式(3.3),可以得到

$$\begin{cases} \dfrac{\mathrm{d}^2 w_p}{\mathrm{d}z^2} - \dfrac{2\tan\theta}{\left[r_0 + \left(\frac{h_1}{2} - z\right)\tan\theta\right]} \dfrac{\mathrm{d}w_p}{\mathrm{d}z} = \dfrac{2\tau_z}{\left[r_0 + \left(\frac{h_1}{2} - z\right)\tan\theta\right]E_p}, & 0 < z \leqslant h_1 \\ \dfrac{\mathrm{d}^2 w_p}{\mathrm{d}z^2} - \dfrac{2}{z - h_1} \dfrac{\mathrm{d}w_p}{\mathrm{d}z} = \dfrac{4h_2\tau_z}{(D_3 - D_2)(z - h_1)E_p}, & h_1 < z \leqslant h_1 + h_2 \\ \dfrac{\mathrm{d}^2 w_p}{\mathrm{d}z^2} = \dfrac{4\tau_z}{D_3 E_p}, & h_1 + h_2 < z \leqslant H \end{cases} \tag{3.4}$$

2. 桩侧摩阻力计算公式

对于小楔形角度(0~5°)情况下,楔形桩桩侧荷载传递规律与等截面桩相

似。结合图 3.30(a)中微元截面的受力情况,桩-土接触面屈服破坏按照式(3.5)计算:

$$\tau_n = \sigma_n \tan\varphi_i + c_i \tag{3.5}$$

式中,σ_n 和 τ_n 分别为桩-土接触面法向应力和切向应力;φ_i 和 c_i 分别为桩-土接触面的摩擦角和黏聚系数。

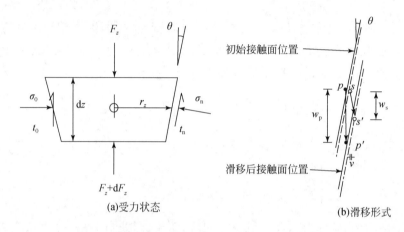

(a)受力状态   (b)滑移形式

图 3.30 楔形桩身微元段桩-土接触面力学模型

p 和 s 分别为初始桩、土位置;p' 和 s' 分别为滑移后桩、土位置

利用桩-土接触面处竖向应力和径向应力(σ_0,τ_0)来表示该点应力状态,式(3.5)可以表示为

$$\tau_0 = \sigma_0 \tan(\varphi_i - \theta) + \frac{c_i \sec\theta}{(1 + \tan\theta\tan\varphi_i)} \tag{3.6}$$

其中,

$$\sigma_0 = K_0 \gamma z, \quad 0 < z < H \tag{3.7}$$

$$K_0 = (1 - \sin\varphi)OCR^{0.5} \tag{3.8}$$

式中,γ 为土体容重;K_0 为土体静止侧向土压力系数;OCR 为超固结系数;φ 为土体内摩擦角。

基于 Randolph 等[101]同心圆筒剪切理论,土体竖向位移可以由平均桩径 r_0 近似表示:

$$w_s = \zeta \frac{\tau_z r_0}{G} \tag{3.9}$$

式中，G 为土体剪切模量。

其中，

$$\zeta = \ln\left[\frac{2.5L(1-\upsilon)}{r_0}\right] \tag{3.10}$$

式中，υ 为泊松比。

如图 3.30(b)所示，竖向荷载作用下土体由 s 点滑移到 s' 点，桩体从 P 点滑移到 P' 点；由此引起的桩-土之间的微小侧向位移 dw 可以表达为

$$dw = (dw_p - dw_s)\tan\theta \tag{3.11}$$

对于小楔形角情况，利用平均桩径 r_0 作为扩孔半径，径向应力 $d\sigma$ 可以根据圆孔扩张理论获得。

1)桩-土接触面不出现滑移情况下

$$\tau_z = \frac{G}{\zeta r_0}w_p \tag{3.12}$$

2)桩-土接触面出现滑移情况下

(1)滑移状态下土体处于弹性变形状态情况下：

$$\Delta\sigma = K_e w \tag{3.13}$$

其中，

$$K_e = \frac{2G}{r_0} \tag{3.14}$$

桩侧竖向剪切应力可以表达为

$$\tau_z = (\sigma_0 + |\Delta\sigma|)\tan(\varphi_i - \theta) + c'_i \tag{3.15}$$

其中，

$$c'_i = \frac{c_i \sec\theta}{(1 + \tan\theta\tan\varphi_i)} \tag{3.16}$$

联立式(3.11)～式(3.13)和式(3.15)，可以获得土体弹性滑移状态下桩侧土体荷载位移(τ_z-w_p)传递关系表达式为

$$\tau_z = \frac{K_e\tan\theta\tan(\varphi_i - \theta)w_p + \sigma_0\tan(\varphi_i - \theta) + c'_i}{1 + \dfrac{K_e\zeta r_0}{G}\tan\theta\tan(\varphi_i - \theta)} \tag{3.17}$$

当 θ 等于 0 时,式(3.17)退化为式(3.6)。即荷载传递关系式与传统等截面桩荷载传递关系式一致。在土体未达到塑性屈服状态之前,桩-土荷载传递关系表达式由式(3.17)计算。当 $w_p > (w_p)_Y$(或 $\sigma > \sigma_Y$)时,桩侧土体达到塑性屈服状态,也采用土体塑性状态下的桩-土荷载传递关系式计算。

采用莫尔-库仑屈服准则,屈服点径向应力可以表达为

$$\sigma_Y = \sigma_0(1 + \sin\varphi) + c\cos\varphi \tag{3.18}$$

式中,φ 和 c 分别为土体内摩擦角和黏聚力。

(2)滑移状态下土体处于塑性变形状态情况下:

$$d\sigma = K_p dw \tag{3.19}$$

其中,

$$K_p = \frac{2Ga_0}{a^2} \tag{3.20}$$

式中,a 为圆孔扩张理论中的孔半径;a_0 为零扩张压力状态下的孔半径;K_p 系数可以根据文献[102]获得。

联立式(3.11)、式(3.12)、式(3.15)和式(3.19),可以获得土体塑性滑移状态下桩侧土体荷载位移(τ_z-w_p)传递关系表达式为

$$\tau_z = \frac{K_p \tan\theta\tan(\varphi_i - \theta)w_p + \sigma_0\tan(\varphi_i - \theta) + c_i'}{1 + \dfrac{K_p \gamma_0}{G}\tan\theta\tan(\varphi_i - \theta)} \tag{3.21}$$

将式(3.9)代入式(3.11),然后求积分整理可得

$$w = \frac{\gamma_0}{G}\tan\theta\tau_z - w_p\tan\theta \tag{3.22}$$

对式(3.19)求积分,径向应力可以表达为

$$\sigma = \sigma_Y + \int_{w_Y}^{w} K_p dw \tag{3.23}$$

式中,w_Y 可以根据式(3.22),当桩体位移和剪切应力分别达到屈服状态 $(w_p)_Y$、$(\tau_z)_Y$ 时,计算得到。

此外,对于扩大头桩身段($h_1 < z < H$),采用式(3.6)计算荷载位移关系。

3. 桩端阻力计算公式

扩底楔形桩的桩端阻力计算方法与等截面桩类似。通常情况下,桩端沉降量较小,将桩端阻力荷载位移传递模型简化假定为线弹性模型,均能满足计算精度要求。基于 Randolph 等[101]桩端荷载传递模型,弹性刚度可以表示为

$$\frac{F_{\mathrm{b}}}{(w_{\mathrm{p}})_{\mathrm{b}}} = \frac{4r_{\mathrm{b}}G}{(1-\upsilon)\eta_{\mathrm{b}}} \tag{3.24}$$

式中,下标 b 表示相关参数位于桩端;η_{b} 为折减系数,根据持力层土体性质确定。

4. 计算过程及参数选择

将桩体划分为 n 份微小单元,每一微小单元桩-土接触面荷载传递特性采用式(3.12)、式(3.17)和式(3.21)的 τ_z-w_{p} 关系式计算。理论模型验证、算例分析以及影响因素分析中,采用的模型桩桩长 H 为 21.7 m,楔形桩身段平均桩径 r_0 为 0.5 m,楔形角 θ 为 0~5°,扩底楔形桩的尺寸如图 3.18 所示。理论模型和数值模型分析中桩、土材料参数描述如表 3.5 所示。桩-土接触面处的摩擦角和黏聚力取 0.4 倍的土体内摩擦角和黏聚力。

表 3.5　理论模型和数值模型分析中桩、土材料参数

材料	本构模型	E /MPa	υ	c/kPa	φ /(°)	K_0	γ / (kN/m³)
混凝土桩	弹性模型	20000	0.2	—	—	1.0	25
桩周土	莫尔-库仑模型	5	0.3	3	20	0.65	18
桩端土	莫尔-库仑模型	25	0.3	0.1	45	0.5	20

3.5.2　理论模型的验证与分析

为了验证本节所建立的理论计算模型的准确性和可靠性,与基于 FLAC³ᴰ 数值分析软件的扩底楔形桩竖向承载力计算数值模型(图 3.17)进行对比分析;数值模拟分析中桩、土参数选择与理论计算模型一致,具体如表 3.5 所示。

由本节理论公式和数值模型所得的两种桩的荷载沉降关系曲线如图 3.31 所示。由图 3.31 可知,本节理论模型计算所得规律与数值模型计算所得规律基本一致,从而验证了本节所建理论模型的准确性和可靠性。本节所建立的理论计算模型,不仅适用于扩底楔形桩,而且适用于扩底桩、楔形桩以及等截面桩;当给出桩径沿桩深方向的变化函数[式(3.2)]时,本节理论模型可以计算任意纵向异形桩的竖向抗压承载力,从而说明了本节所建立的理论计算模型的广泛适用性。

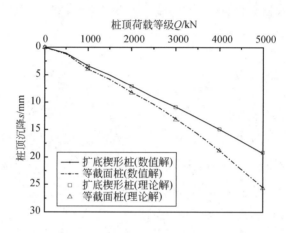

图 3.31　桩顶荷载与沉降关系对比曲线

3.5.3　理论计算结果与分析

1. 楔形角对竖向抗压承载力的影响分析

不同楔形角(1°、0.7°和 0.4°)情况下,扩底楔形桩的荷载沉降规律曲线对比如图 3.32 所示。为了对比验证,图 3.32 中同样显示了数值模型计算所得 1°楔形角的扩底楔形桩的荷载沉降规律曲线。可以看出,在小楔形角范围内,相同桩顶荷载等级下,桩顶沉降量与楔形角的大小成正比。由文献[87]可知,在小楔形角范围内,扩底楔形桩由桩侧负摩阻力引起的桩身下拽力随着楔形角的增大而减小。由此说明,扩底楔形桩中楔形角的选择要根据基桩承受荷载形式

（如桩顶荷载较大或者地面堆载较大等）的不同而综合考虑。当主要为了提高基桩竖向抗压承载力时，楔形角宜选择一个大于零的较小值；当主要为了考虑减少负摩阻力对基桩的影响时，楔形角宜选择一个小于 5°（具体因桩长、桩径参数情况确定）的较大值。

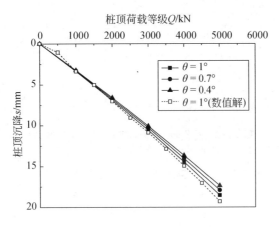

图 3.32　楔形角对荷载沉降规律的影响

2. 扩大头直径对竖向抗压承载力的影响分析

当楔形角为 1°时，不同扩大头直径（1.6m、2.2m 和 2.8m）情况下，扩底楔形桩的荷载沉降规律曲线对比如图 3.33 所示。为了对比分析，图 3.33 中同样显示了数值模型计算所得 2.2m 扩大头直径的扩底楔形桩的荷载沉降规律曲线。可以看出，扩底楔形桩的竖向抗压承载力随着扩大头直径的增大而近似线性增大。

由此说明，增大扩大头直径对提高扩底楔形桩竖向抗压承载力效果显著，但是随着扩大头直径的增大，扩大头施工成本增加。因此，综合技术性和经济性因素考虑，扩底楔形桩的扩大头直径，宜选择为上部楔形桩身段平均直径的 2～4 倍。

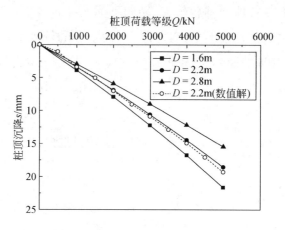

图 3.33　扩大头直径对荷载沉降规律的影响

3.6　本 章 小 结

　　本章针对扩底楔形桩的竖向抗压承载特性进行大比尺模型试验、小比尺透明土模型试验、数值模拟以及理论分析,同时开展了等混凝土用量条件下等截面桩的研究作为对比分析,可以得出如下几点结论:

　　(1)由于楔形桩身段和扩大头的存在,与等截面桩相比,扩底楔形桩的桩侧摩阻力和桩端阻力均有所提高。本章试验条件下,等混凝土用量条件下扩底楔形桩的单桩竖向抗压承载力约为等截面桩的 1.88 倍。扩底楔形桩竖向承载能力与桩端土体与桩周土体模量比、扩大头直径及桩体模量值呈正比,与楔形角呈反比。

　　(2)若要有效发挥桩端阻力和桩侧摩阻力值,合理选择桩端土体与桩周土体模量比非常重要。当桩端土体与桩周土体模量比为 2~5 时,对于同时发挥桩侧摩阻力和桩端阻力值有利。

　　(3)本章所建立的扩底楔形桩理论计算方法可以准确、有效地计算其竖向抗压承载力,该计算方法不仅适用于扩底楔形桩,而且适用于常规扩底桩、楔形桩等其他纵截面异形桩。当给出桩径沿桩深方向的变化函数时,本章理论模型可以计算任意纵向截面异形桩的竖向抗压承载力,从而说明了本章所建立的理论计算模型的广泛适用性。

(4)在小楔形角范围内,相同桩顶荷载等级下,桩顶沉降随着楔形角的减小而减小,随着扩大头的增大而减少。同等情况下,扩大头直径比楔形角对基桩竖向抗压承载力的影响更明显;综合考虑技术性和经济性因素,扩底楔形桩的扩大头直径宜选择为上部楔形桩身段平均直径的 2~4 倍。

第4章 竖向抗拔承载特性

4.1 引　　言

当建筑桩基础中存在地下室开挖等问题时，必须进行桩基抗浮性能复核，即进行桩基的抗拔承载特性研究。已有相关研究表明，扩大头的存在，可以有效提高桩基整体抗拔性能。然而，扩底楔形桩中倒楔形角的存在，同样会削弱桩侧摩阻力的发挥。因此，有必要着重针对倒楔形角的存在对桩基竖向抗拔承载力的影响进行研究分析，为相关工程设计与计算提供参考依据。本章结合室内大比尺模型试验、小比尺透明土模型试验[103]、数值模拟[104]和理论分析[105]的方法，针对竖向上拔荷载作用下扩底楔形桩的承载特性开展研究，并开展了等混凝土用量条件下扩底桩或等截面桩的对比分析。

4.2　大比尺模型试验

4.2.1　模型试验概述

本节开展的大比尺模型试验情况（如模型槽与试验土料的准备、模型桩制作以及测试元器件布置等）与本书所开展的竖向抗压试验情况一致，具体参见3.2.1节。本节进行扩底楔形桩和常规扩底桩的竖向抗拔对比试验，加载方式、稳定及终止标准参照《建筑地基基础设计规范》（GB 50007—2011）[97]中介绍的维持荷载法相关内容确定。

4.2.2　试验结果与分析

1. 荷载位移关系曲线对比分析

竖向上拔荷载作用下,等混凝土用量扩底楔形桩和扩底桩的荷载位移关系对比曲线如图 4.1 所示。可以看出,扩底桩的竖向极限抗拔承载力近似为扩底楔形桩的 2 倍。由此说明,本节试验条件下,桩侧摩阻力对基桩整体抗拔承载特性影响显著,即倒楔形角的存在,对扩底楔形桩竖向抗拔承载力的削弱作用还是比较明显的。

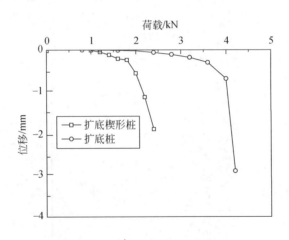

图 4.1　荷载位移对比曲线

2. 桩身轴力分布规律

扩底桩和扩底楔形桩的桩身轴力沿深度的变化规律如图 4.2 所示。可以看出,在每级荷载作用下,扩底桩和扩底楔形桩的桩身轴力都随深度的增加而逐渐减小,由于桩端的阻力无法测量,在进行处理时,假定两种模型桩的桩端轴力始终为 0。

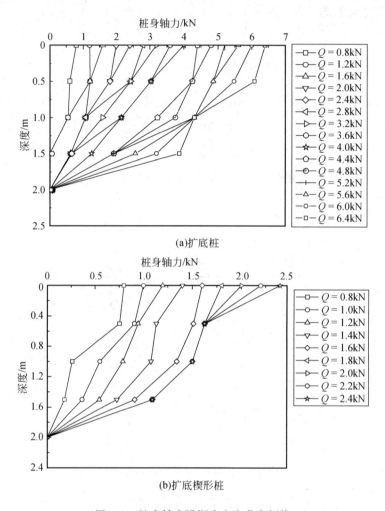

(a)扩底桩

(b)扩底楔形桩

图 4.2　桩身轴力沿深度方向分布规律

4.3　拔桩过程小比尺透明土模型试验

4.3.1　模型试验概述

本节小比尺透明土模型试验的模型桩、透明土试样等性质与抗压透明土模型试验一致,详见 3.3.1 节。竖向上拔荷载试验加载装置及测量系统实物图如图 4.3 所示。结合透明土材料可视化的技术特点,本节开展拔桩过程桩体对周围土体影响的试验研究,开展并对比分析等截面桩和扩底楔形桩两种桩型的异同点。

图 4.3　竖向上拔荷载试验加载装置及测量系统

4.3.2　试验结果与分析

1. 桩周土体位移矢量图

为分析土体扰动规律,选择两个深度阶段的土体形态,以 40mm 桩深时刻土体位移至 30mm 桩深时刻土体位移为例,两种桩的桩周土体的位移箭头矢量对比图如图 4.4 所示。拔桩过程中,等截面桩桩侧土体基本以下沉为主,且影响范围约在 1 倍桩径范围;扩底楔形桩的楔形桩身段上端桩侧土体主要以下沉为主,楔形桩身段下端和扩大头桩侧土体主要以水平向和上移为主;桩周土体扰动最明显的位置为楔形桩身段与扩大头转化位置附近,该附近土体位移方向存在一个类似漩涡型的场;这主要是由于扩大头的存在造成形式的突变。

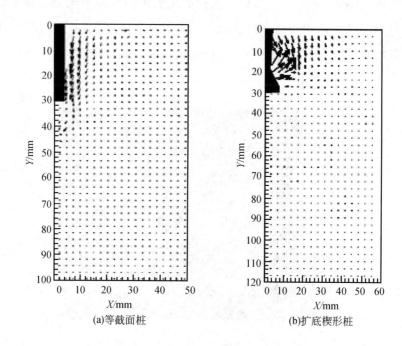

(a)等截面桩　　　　　　　　　(b)扩底楔形桩

图 4.4　拔桩过程中桩周土体位移矢量图

2. 桩周土体位移轮廓图

同样以 40mm 桩深时刻土体位移到至 30mm 桩深时刻土体位移为例,两种桩桩周土体的位移轮廓图分别如图 4.5 和图 4.6 所示。拔桩过程中,两种桩基均是桩侧土体位移(水平位移和竖向位移)随着距离桩基的位移增大而减小,位移值随着距离桩轴线的距离而逐渐减小。扩底楔形桩的影响范围较等截面桩的相对要大,且在同一距离位置处的土体位移值也大一些。由图 4.5 和图 4.6 可知,扩底楔形桩的桩周土体水平和竖向位移轮廓图的影响范围近似分别为等截面桩影响范围的 1.5 倍和 2.0 倍。

3. 扩底楔形桩位移实物图

实际工程中,基桩拔出时,原本被桩基填充的腔体会形成一个空腔,桩周土体由于受侧向土压力释放的影响而逐渐填充腔体;本节试验可以有效获得在拔

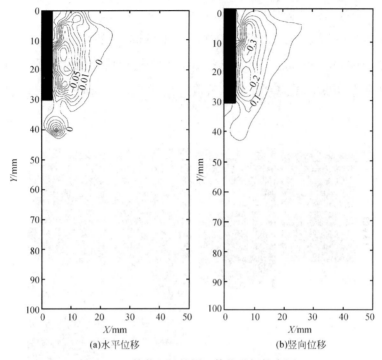

图 4.5　等截面桩桩周土体位移场轮廓图

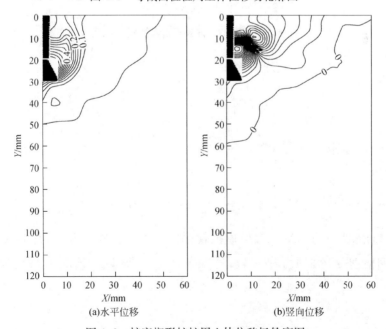

图 4.6　扩底楔形桩桩周土体位移场轮廓图

桩过程中,桩周土体往腔体内填充的过程。试验过程中实测的腔体形成和桩周土体填充的实物图如图4.7所示。可以看出,试验过程中,腔体内的土体填充需要一段时间,且并不能完全填充(当基桩完全拔出后,部分空腔仍存在),这可能是由于本节所采用的透明土材料存在一定的黏聚力,而不完全像天然砂土所造成的。

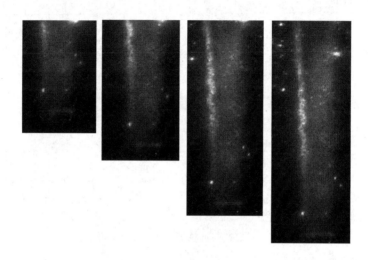

图4.7　扩底楔形桩拔桩过程影像实物图

4.4　数值模拟分析

4.4.1　数值模型建立

1. 模型建立及参数选择

本节同样基于FLAC³D数值模拟软件建立数值分析模型,数值模型几何模型及其网格划分与3.4.1节一致,具体如图3.17所示。模型桩尺寸、桩周土体性质与3.4.1节一致,具体如表3.4所示。

2. 模拟工况确定

本节所建立的两根模型桩尺寸形状与 3.4.1 节一致,具体如图 3.18 所示,具体模拟工况如表 4.1 所示。

表 4.1 数值模拟工况

工况	E_{s1}/E_{s2}	D_L/m	E_p/GPa
1	100	2.2	20
2	10	2.2	20
3	5	2.2	20
4	1	2.2	20
5	5	1.6	20
6	5	2.8	20
7	5	2.2	2
8	5	2.2	80

注:E_{s1} 为桩端土体模量;E_{s2} 为桩周土体模量;D_L 为桩基扩大头直径;E_p 为桩基模量。

4.4.2 数值模型的验证与分析

1. 与本书模型试验结果的对比验证

根据单桩竖向抗拔承载特性的模型试验,数值模型中所建立的扩底楔形桩的模型尺寸与模型试验中的一致,数值模型中土体的物理力学参数与模型试验中采用的试验用土一致。在大比尺模型试验中所实测的荷载位移曲线与数值模拟的计算值对比结果如图 4.8 所示。可以看出,扩底桩的数值模拟与大比尺模型试验的实测结果比较一致,扩底楔形桩的数值模拟与大比尺模型试验的实测结果存在一定的差异,这可能是由于数值模拟分析中桩-土接触面模型中未考虑楔形角存在的影响所造成的。由此证明本节所建立的数值模型是基本合理的。

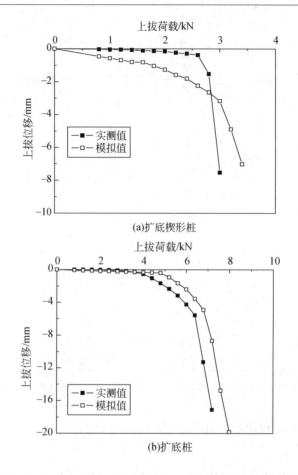

图 4.8　数值模拟与模型试验桩顶荷载与位移关系对比曲线

2. 与工程实例的对比验证

王卫东等[106]针对某工程场地进行了扩底桩的竖向抗拔静载荷现场试验，扩底桩的等截面桩身段长度和扩大头长度分别为 20m 和 1.5m，等截面桩身段直径和扩大头直径分别为 0.4m 和 0.8m。数值模拟分析中，桩体材料线弹性模型、土体材料莫尔-库仑模型、桩-土接触面采用库仑滑移模型，桩-土摩擦系数设置为 0.23，竖向和水平向弹性刚度（k_n 和 k_s）取 6.8×10^8 Pa/m。

由于参考文献中现场试验所提供的部分土性参数不全，所以本模拟分析基于拟合现场实测的荷载沉降关系曲线，然后反推所选择的土层性质参数是否在合理范围,由此来判断数值模型的合理性和可行性。通过拟合现场实测荷载沉降曲线(图 4.9),可以获得现场土层性质参数如表 4.2 所示。表 4.2 所提供的土层参数在合理范围,说明本节数值模型建立的合理性。

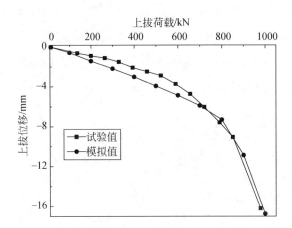

图 4.9　数值模拟与现场试验桩顶荷载与位移关系对比曲线

表 4.2　数值模拟中桩、土体材料特性

土性名称	$\gamma/(kN/m^3)$	E/MPa	υ	c/kPa	$\varphi/(°)$	h/m	K_0
杂填土	18.0	10.0	0.40	0	22	3.0	0.65
淤泥质粉砂	17.4	8.0	0.40	2	22	5.5	0.65
粉质黏土	16.6	15.0	0.40	12	18	5.5	0.65
粉质黏土	16.8	21.0	0.35	9	19	2.5	0.65
黏土	19.6	32.0	0.32	16	12	7.4	0.65
砂性粉土	19.3	40.0	0.30	15	20	—	0.5
粉质砂	19.4	10.0	0.25	36	22	—	0.5

4.4.3　数值模拟结果与分析

1. 扩底楔形桩与等截面桩的对比分析

由图 4.10 可知,荷载等级相对较小时,等荷载条件下扩底楔形桩的位移小于等截面桩；当荷载等级增大到一定值时（本数值模型条件下 $Q=3000\text{kN}$ 左右），等荷载条件下扩底楔形桩的位移大于等截面桩。3000kN桩顶上拔荷载下，扩底楔形桩与等截面桩的桩身轴力分布规律如图4.11所示。可以看出，扩底楔形桩桩身轴力分布在扩大头附近段，承载相对较大，这一点明显区别于等截面桩。主要是由于荷载初期，扩大头的存在承担了大部分的抗拔承载力；随着扩大头的承载力性能得到逐步发挥，桩-土相对位移逐渐增大，抗拔承载力转而主要靠桩侧摩阻力来承担；而倒楔形角的存在，一定程度上削弱了基桩抗拔承载力。

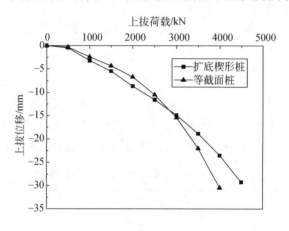

图4.10　桩顶荷载与沉降关系对比图

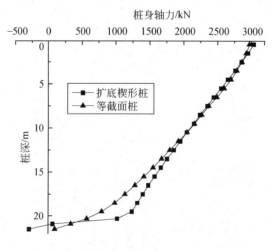

图4.11　桩身轴力分布对比图（$Q=3000\text{kN}$）

2. 扩大头周围土体模量的影响分析

不同桩端土体与桩周土体模量比(E_{s1}/E_{s2})情况下，桩顶上拔荷载位移曲线如图 4.12 所示。可以看出，由于 E_{s1}/E_{s2} 值的变化，导致桩基段部土体对桩体的约束力差异较大；当 $E_{s1}/E_{s2}<5$ 时，桩顶上拔荷载与位移关系曲线差异较明显；当 $E_{s1}/E_{s2}>10$ 时，桩顶上拔荷载与位移关系曲线差异显著。图 4.13 中，不同 E_{s1}/E_{s2} 值下桩身轴力分布规律曲线充分反映了桩端土体强度对桩端约束力的大小，即桩端约束力对桩基抗拔性能影响显著。

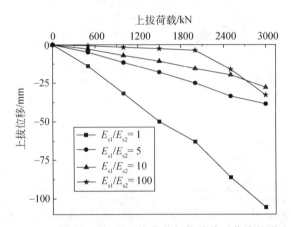

图 4.12　模量比对桩顶上拔荷载与位移关系曲线的影响

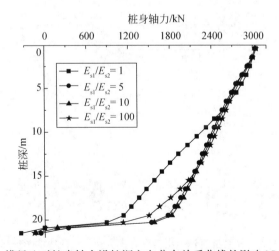

图 4.13　模量比对桩身轴力沿桩深方向分布关系曲线的影响（$Q=3000\text{kN}$）

3. 扩大头直径的影响分析

不同扩大头直径条件下桩顶上拔荷载位移关系曲线如图 4.14 所示,可以看出,相同荷载等级下,桩顶上拔位移量与扩大头直径呈反比;扩大头直径增大可以有效提高桩基的整体抗拔能力。不同扩大头直径条件下桩身轴力分布关系曲线如图 4.15 所示。可以看出,当扩大头直径为 1.6m 和 2.2m 时,桩身轴力分布规律类似,仅仅在数值上表现为 2.2m 扩大头直径的桩基桩端承载力高

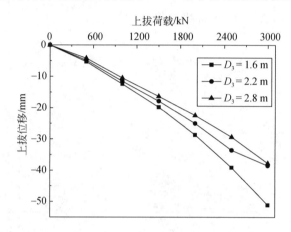

图 4.14　扩大头直径对桩顶荷载与沉降关系曲线的影响

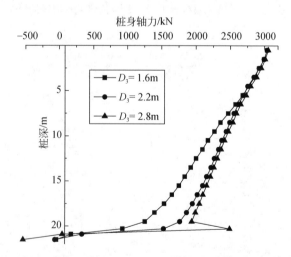

图 4.15　扩大头直径对桩身轴力沿桩深方向分布关系曲线的影响($Q=3000\text{kN}$)

一些；当扩大头直径达到2.8m时，扩大头附近轴力发生一个突变。由此说明，扩大头直径过大容易引起应力集中，反而影响整体承载性能。

4. 桩体模量的影响分析

桩体模量变化对桩顶上拔位移关系曲线和对桩身轴力分布关系曲线分别如图4.16和图4.17所示。可以看出，桩体模量值对桩基上拔荷载位移关系曲线形态、桩身轴力分布曲线形态不发生影响，仅在数值上有所差异；刚性桩（桩体模量>10GPa时）的上拔荷载位移曲线规律相似。

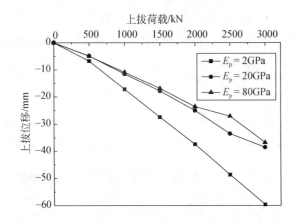

图4.16　桩体模量对桩顶荷载与位移关系曲线的影响

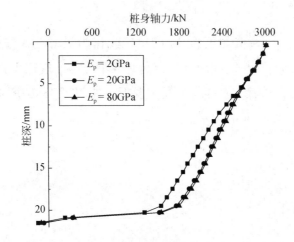

图4.17　桩体模量对桩身轴力沿桩深方向分布关系曲线的影响（Q=3000kN）

4.5　理论分析计算

4.5.1　理论模型建立

1. 基本假定

极限承载力由破坏面上的剪切力和破坏面内部的桩体和土体质量两部分组成的。参考已有常规扩底桩在竖向上拔荷载下的承载力特性与破坏形式参数[62, 107, 108]可知,扩大头部分和桩顶部分一般有土体带出破坏,表现为土体剪切破坏;桩身中段一般表现为桩-土接触面剪切破坏。因此,假设极限状态下,扩底楔形桩在竖向上拔荷载作用下的复合破坏面由直线段、椭圆面段和曲线段三部分形式组成。其中,直线段长度 H_{cr1} 已知,椭圆段长度参数 H_{cr2} 待定,曲线段的曲线形式含待定参数 N,且 H_{cr2} 和 N 两参数相关。曲线段与土表面的夹角为 $\dfrac{\pi}{4}-\dfrac{\varphi}{2}$[109];曲线段与桩体的夹角为 $\dfrac{\pi}{2}-\theta$;具体扩底楔形桩的单桩破坏面形式如图 4.18(a)所示。

2. 控制方程

以桩端以上 z 高度处厚度为 Δz 的单位元作为受力性状分析微元,可以推导各单位元的受力情况,续而沿桩深方向对各单位微元进行积分计算可得扩底楔形桩的整体受力性状。具体符号及位置标示如图 4.18(b)所示。

(1)当 $-H_{cr1}<z<0$ 时,

$$x=\frac{D}{2} \tag{4.1}$$

(2)当 $0<z<H_{cr2}$ 时[108],

$$\frac{[(z-n)\sin\alpha-(x-m)\cos\alpha]^2}{a^2}+\frac{[(z-n)\cos\alpha+(x-m)\sin\alpha]^2}{b^2}=1 \tag{4.2}$$

式中,a 为长轴;b 为短轴;α 为扩大头斜面与 x 轴负方向夹角。

$$\begin{cases} m=\dfrac{\dfrac{d_3}{2}+\dfrac{D}{2}\tan^2\alpha-H_{cr2}\tan\alpha}{1+\tan^2\alpha} \\[4mm] n=-\left(m-\dfrac{D}{2}\right)\tan\alpha \end{cases} \tag{4.3}$$

椭圆长短轴：

$$\begin{cases} a=\dfrac{n}{\sin\alpha} \\[3mm] b=(H_{cr2}-h_2)\cos\alpha \end{cases} \tag{4.4}$$

椭圆曲线 x 的表达式：

$$x=\frac{\{a^2b^2[b^2\cos^2\alpha+a^2\sin^2\alpha-(z-n)^2]\}^{1/2}}{b^2\cos^2\alpha+a^2\sin^2\alpha}+\frac{(b^2-a^2)\sin\alpha\cos\alpha(z-n)}{b^2\cos^2\alpha+a^2\sin^2\alpha}+m \tag{4.5}$$

曲线斜率的倒数：

$$\cot\theta=\frac{\mathrm{d}x}{\mathrm{d}z}=\frac{(b^2-a^2)\sin\alpha\cos\alpha}{b^2\cos^2\alpha+a^2\sin^2\alpha}-\frac{1}{b^2\cos^2\alpha+a^2\sin^2\alpha}$$

$$\frac{a^2b^2(z-n)}{\{a^2b^2[b^2\cos^2\alpha+a^2\sin^2\alpha-(z-n)^2]\}^{1/2}} \tag{4.6}$$

式中，D 为扩大头直径；z 为桩身距离桩端的深度；x 为桩中轴线到桩侧及桩侧土体的距离，具体参见图 4.18(a)。

（3）当 $H_{cr2}<z<H_{cr2}+H_{cr3}$ 时，

$$\frac{\mathrm{d}z}{\mathrm{d}x}=\tan\left(\frac{\pi}{4}-\frac{\varphi}{2}\right)\left(\frac{H}{z}\right)^N \tag{4.7}$$

式中，φ 为土体的内摩擦角；$H=h_2+h_3$；N 为曲线段破坏面待定系数。

根据边界条件 $x=\dfrac{d_3}{2}$，$z=H_{cr2}$，对式(4.7)进行积分求解可得

$$x=\frac{d_3}{2}+\frac{z^{N+1}-H_{cr2}^{N+1}}{(N+1)\tan\left(\dfrac{\pi}{4}-\dfrac{\varphi}{2}\right)(H)^N}(H_{cr2}-H_{cr1})\tan\theta \tag{4.8}$$

根据另一边界条件：

$$\tan\left(\frac{\pi}{2}-\theta\right)=\frac{\mathrm{d}z}{\mathrm{d}x}\bigg|_{z=H_{cr2}}$$

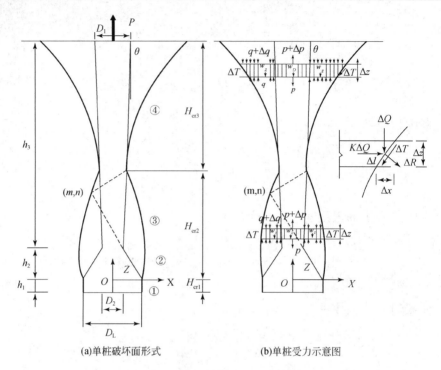

(a)单桩破坏面形式　　　　　　　(b)单桩受力示意图

图 4.18　扩底楔形桩单桩破坏面形式及受力示意图

①扩底头直线段;②扩底头椭圆段;③楔形桩身椭圆段;④楔形桩身弧线段

即 $\tan\left(\dfrac{\pi}{2}-\theta\right)=\tan\left(\dfrac{\pi}{4}-\dfrac{\varphi}{2}\right)\left(\dfrac{H}{H_{cr2}}\right)^{N}$

化简得到 H_{cr2} 与 N 的关系式:

$$H_{cr2}=\left[\frac{\tan\left(\dfrac{\pi}{4}-\dfrac{\varphi}{2}\right)}{\tan\left(\dfrac{\pi}{2}-\theta\right)}\right]^{1/N}H \tag{4.9}$$

根据莫尔-库仑准则,极限状态下,在破坏面单位长度 Δl 上的剪切力为 ΔT,可以表示为

$$\Delta T=\Delta R\tan\varphi+c\Delta l \tag{4.10}$$

式中,c 为土体黏聚力;ΔR 为单位元垂直破坏面的法向应力,可以由式(4.11)计算获得。

$$\Delta R=\Delta Q\cos\beta+K\Delta Q\sin\beta \tag{4.11}$$

式中,β 为破坏面与水平线的夹角;ΔQ 为单位元破坏面的竖向应力,可以由式(4.12)计算获得。

$$\Delta Q = \gamma_s \left(H - z - \frac{\Delta z}{2} \right) \Delta l \tag{4.12}$$

式中,γ_s 为土体天然重度;Δz 为单位元厚度。

水平土压力系数 K 为

$$K = \frac{(1 - \sin\varphi)\tan\delta}{\tan\varphi} \tag{4.13}$$

式中,δ 为桩-土接触面摩擦角。

先将式(4.12)和式(4.13)代入式(4.11),然后再代入式(4.10),可得

$$\Delta T = \gamma_s \left(H - z - \frac{\Delta z}{2} \right)(\cos\beta + K\sin\beta)\frac{\Delta z \tan\varphi}{\sin\beta} + c\frac{\Delta z}{\sin\beta} \tag{4.14}$$

如图 4.18(b)所示,考虑 Δz 厚度单位元的竖直方向力的平衡,可得

$$P + \Delta P + q\pi \left[x^2 - \left(\frac{d}{2} - z\cot\alpha \right)^2 \right]$$

$$= P + (q + \Delta q)\pi \left[(x + \Delta x)^2 - \left(\frac{d}{2} - z\cot\alpha - \Delta z\cot\alpha \right)^2 \right]$$

$$+ \gamma_s\pi \left[\left(x + \Delta\frac{x}{2} \right)^2 - \left(\frac{d}{2} - z\cot\alpha - \Delta\frac{z}{2}\cot\alpha \right)^2 \right]\Delta z + \gamma_p\pi \left(\frac{d}{2} \right.$$

$$\left. - z\cot\alpha - \Delta\frac{z}{2}\cot\alpha \right)^2 \Delta z + 2\pi \left(x + \Delta\frac{x}{2} \right)\Delta T\sin\beta \tag{4.15}$$

式中,竖向土压力 $q = \gamma_s(H - z)$,则 $\Delta q = -\gamma_s\Delta z$。

将式(4.14)代入式(4.15),并简化可得

扩大头①段:

$$\frac{\mathrm{d}P_1}{\mathrm{d}z} = \pi D[\gamma_s(H - z)K\tan\varphi + c] + \gamma_p\pi \left(\frac{D}{2} \right)^2 \tag{4.16}$$

扩大头②段:

$$\frac{\mathrm{d}P_2}{\mathrm{d}z} = 2\gamma_s(H - z)\pi \left[x\cot\beta + \left(\frac{D}{2} - z\cot\alpha \right)\cot\alpha \right] + 2\pi x[c + \gamma_s(H$$

$$- z)(\cos\beta + K\sin\beta)\tan\varphi] + \gamma_p\pi \left(\frac{D}{2} - z\cot\alpha \right)^2$$

$$\tan\alpha = \frac{2h_2}{D - d_2} \qquad (4.17)$$

楔形桩身③④段：

$$\frac{\mathrm{d}P_3}{\mathrm{d}z} = 2\gamma_s(H-z)\pi\left[x\cot\beta + \left(\frac{d_2}{2} - (z-h_2)\cot\alpha\right)\cot\alpha\right]$$

$$+ 2\pi x[c + \gamma_s(H-z)(\cos\beta + K\sin\beta)\tan\varphi] + \gamma_p\pi\left(\frac{d_2}{2} - (z-h_2)\cot\alpha\right)^2$$

$$\tan\alpha = -\frac{1}{\tan\beta} \qquad (4.18)$$

因此，扩底楔形桩的总的抗拔承载力 P_u 表达式可以表示为：

$$P_u = \int_{-h_1}^{H} \frac{\mathrm{d}P}{\mathrm{d}z}\mathrm{d}P = \int_{-h_1}^{0} \frac{\mathrm{d}P_1}{\mathrm{d}z}\mathrm{d}z + \int_{0}^{h_2} \frac{\mathrm{d}P_2}{\mathrm{d}z}\mathrm{d}z + \int_{h_2}^{H_{cr2}} \frac{\mathrm{d}P_3}{\mathrm{d}z}\mathrm{d}z + \int_{H_{cr2}}^{H} \frac{\mathrm{d}P_3}{\mathrm{d}z}\mathrm{d}z \quad (4.19)$$

式中，只有 H_{cr2} 和 N 两个未知数，且两者相关[式(4.9)]。

3. 计算过程及参数选择

基于最大最小值原理，在任意桩体形式与地层情况下，始终存在一个最小的抵抗抗拔承载力，即最危险的破坏滑动面。针对式(4.19)中一个未知参数（H_{cr2} 或 N）进行求导，采用 MATLAB 软件程序编译求解，可以获得极值情况下的未知参数，从而可以确定扩底楔形桩的抗拔极限承载力。

$$\frac{\mathrm{d}P_u}{\mathrm{d}H_{cr2}} = 0 \qquad (4.20)$$

理论上式(4.20)是存在解的，但是实际求解会非常困难。因此，本节采用一种简单计算，取 $N=1\sim20$（N 为整数），分别计算相应的总的抗拔承载力，所得最小的抗拔承载力即为所求的竖向抗拔极限承载力。

4.5.2　理论模型的验证与分析

本节所建立的理论计算公式是针对扩底楔形桩；当楔形角为零时，式(4.9)即退化成常规扩底桩计算公式。针对王卫东等[106, 110, 111]开展的现场试验结果，进行理论计算分析，具体计算参数见相关参考文献所述。相应的计算结果与模型试验实测结果如图 4.19 所示。可以看出,本节理论计算值与试验值相近,其误差处于合理范围之内,从而验证本节所建公式的准确性和可靠性。

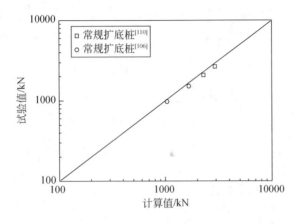

图 4.19　理论计算与试验所得极限承载力比较

4.5.3　理论计算结果与分析

基于 4.5.1 节推导的计算公式,分别讨论桩基截面形式(包括扩大头直径和楔形角)等因素对扩底楔形桩抗拔承载力性状的影响规律。桩基尺寸如图 3.18 所示,桩体重度 $\gamma_p = 30$ kN/m³;桩周土体重度 $\gamma = 21.86$ kN/m³,摩擦角 $\varphi = 37.3°$,黏聚力 $c = 2$ kPa。

1. 扩大头直径的影响规律分析

扩大头直径对桩体抗拔承载力的影响规律曲线如图 4.20 所示。可以看出,桩体抗拔承载力随着扩大头直径的增大而增大,且增大的趋势变缓,说明扩大头直径在较小的数值内可以相对更有效地提高桩的抗拔承载力,一味地增大扩底楔形桩扩大头直径来提高抗拔承载力是没有意义的;在扩大头直径相同时,桩体抗拔承载力随着楔形角的增大逐渐增大。

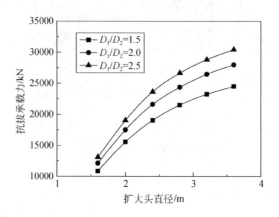

图 4.20　扩大头对抗拔承载力的影响

2. 楔形角的影响规律分析

楔形角对桩体抗拔承载力的影响规律曲线如图 4.21 所示。可以看出，扩底桩（$D_1/D_2＝1$）的抗拔承载力大于扩底楔形桩的抗拔承载力；桩体抗拔承载力随着楔形角的增大而减小，且减小的趋势变缓，说明倒楔形角的存在的确削弱了桩体抗拔承载力。当楔形角相同时，桩体抗拔承载力随着扩大头直径的增大逐渐增大。

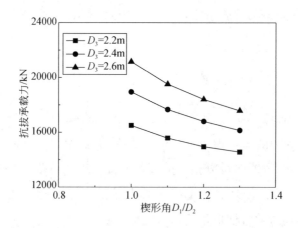

图 4.21　楔形角对抗拔承载力的影响

4.6　本 章 小 结

本章针对等混凝土用量条件下扩底楔形桩和扩底桩的竖向抗拔承载特性进行大比尺模型试验与理论分析,扩底楔形桩和等截面桩竖向抗拔承载力数值模拟,同时开展了扩底楔形桩和等截面桩拔桩过程的小比尺透明土模型试验,可以得出如下几点结论:

(1)本章大比尺模型试验条件下,扩底桩的竖向极限抗拔承载力近似为扩底楔形桩的2倍。由此说明,桩侧摩阻力对基桩整体抗拔承载特性影响显著,即倒楔形角的存在,对扩底楔形桩竖向抗拔承载力的削弱作用也比较明显。

(2)本章试验条件下,拔桩过程中,两种桩基均是桩侧土体位移(水平位移和竖向位移)随着距离桩基的位移增大而减小,位移值随着距离桩轴线的距离而逐渐减小。扩底楔形桩的影响范围较等截面桩的相对要大,且在同一距离位置处的土体位移值也大一些。由于扩大头的存在造成楔形桩身段与扩大头转化段土体位移的漩涡型扰动场。扩底楔形桩的桩周土体水平和竖向位移轮廓图的影响范围近似分别为等截面桩影响范围的1.5倍和2倍。

(3)扩底楔形桩竖向极限荷载下,基于极限平衡原理建立了其统一复合破坏面,并根据最大最小值原理,确定复合破坏面函数中的未知参数及其函数表达式,从而计算得到极限承载力的理论计算方法,可以简单、有效地计算出扩底楔形桩的极限抗拔承载力,同时可以推广应用于常规扩底桩。

(4)在合理的小范围内适当地增加扩底楔形桩的扩大头直径可以相对更有效地提高基桩抗拔承载力。

第 5 章　水平向承载特性

5.1　引　　言

　　尽管竖向荷载是桩基受力的主要形式,但水平向承载特性是桩基设计与计算中必须考虑的重要环节之一。尤其在基坑、港口码头以及高压输变线塔等工程中,桩基承受的荷载一般以水平向荷载为主。因此,开展水平荷载作用下扩底楔形桩的承载特性及桩-土相互作用机理研究,对拓展扩底楔形桩技术应用及其安全运营具有至关重要的作用。本章结合室内大比尺模型试验、小比尺透明土模型试验[112]、数值模拟和理论分析[113, 114]的方法,针对水平向荷载作用下扩底楔形桩的承载特性开展研究,对比分析扩底楔形桩与等截面桩的水平极限荷载和桩侧土压力分布规律,为今后类似土层下水平受荷扩底楔形桩的设计、施工与计算提供依据。

5.2　大比尺模型试验

5.2.1　模型试验概述

　　本节模型试验所采用的模型槽、试验土料与第 3 章所用模型槽一致,具体模型槽实物图如图 3.1 所示,砂性土颗分试验结果如图 3.2 所示,基于现场 CPT 测试所得端阻力和侧阻力测试结果如图 3.3 所示。试验模型桩为 1 根扩底楔形桩和 1 根等截面桩,具体设计参数及实物图如图 3.4 所示,尺寸示意图如图 3.5 所示。

　　现场模型桩埋设的时候,在桩侧埋设振弦式土压力盒(量程为 0.2MPa、布置间距为 0.2m),在桩顶侧面布置 YHD-100 型位移传感器(量程为 ±50mm,

外形尺寸为长 140mm,直径 15mm,输出灵敏度为 $200\mu\varepsilon/mm$);测试元件布置示意图如图 5.1 所示。

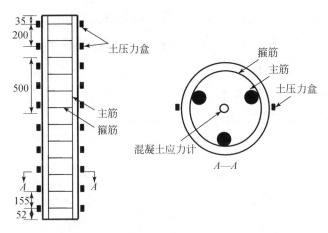

图 5.1　测试元件布置图(单位:mm)

　　试验过程中使用的量测系统包括荷载传感器、位移计(量程 50mm)、土压力盒,振弦式测试元件系统采集器采用 XP02 型振弦频率及采集读数,应变式测试元件采用 TST3826 静态应变测试分析系统采集,各种测试元件在试验前都进行了标定,稳定后再进行试验。参照《建筑地基基础设计规范》(GB 50007—2011)[97]中关于水平向静载荷试验维持荷载法的内容确定分级加载等级、稳定与终止标准等,每级恒载时间为 4min,恒载后测量各传感器读数。桩头位置水平向加载设备布置实物图如图 5.2 所示。

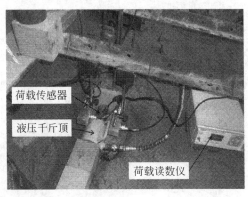

图 5.2　水平加载系统

5.2.2 试验结果与分析

扩底楔形桩和等截面桩的水平荷载位移关系曲线如图 5.3 所示,水平荷载位移梯度如图 5.4 所示。根据《建筑桩基技术规范》(JGJ 94—2008)[93],确定其在第一直线段终点所对应的荷载为单桩的水平临界荷载(H_{cr}),第二直线段终点所对应的荷载为单桩的水平极限荷载(H_u)。由图 5.4 可以看出,两种桩的水平向临界荷载和极限荷载及其相对应的水平位移如表 5.1 所示。由表 5.1

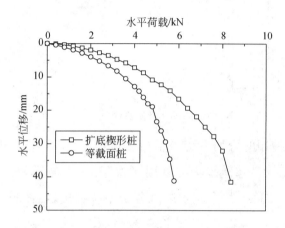

图 5.3 水平荷载位移关系对比曲线

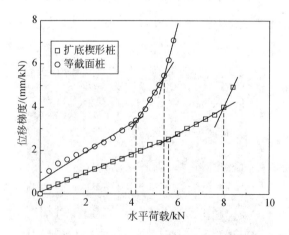

图 5.4 水平荷载位移梯度关系对比曲线

可知,本节试验条件下,扩底楔形桩的水平极限荷载近似是等截面桩的 1.48 倍。由于扩底楔形桩桩身是楔形状的,进入土体后能够较好地发挥桩侧摩阻力的作用,而且桩底存在扩大头,在水平向受力的过程中能够有效地抑制桩底附近的土体及桩身发生水平位移,间接地提高水平承载能力。

表 5.1　模型桩水平承载力值

桩型	临界荷载 H_{cr}/kN	水平位移/mm	极限荷载 H_u/kN	水平位移/mm
扩底楔形桩	5.6	14.07	8.0	32.10
等截面桩	4.2	14.25	5.4	23.46

桩侧土压力 p 分布规律由埋设在桩两侧的土压力盒测得,具体如图 5.5 所示,两种类型桩的桩侧土压力沿桩深方向,大体呈现逐渐减少的趋势。由图 5.5 可知,当水平荷载>4.0kN 时,两种桩型的桩侧土压力呈现先减小后增大再减小的趋势,且在桩顶以下 0.6m 处出现最大值;当桩顶以下深度达到 1.2m 时,桩侧土压力值基本保持不变且维持在零左右。由此可见,扩底楔形桩的水平承载性能与等截面桩类似,也是主要由桩体上部土体强度控制的(本章试验条件下,为桩顶以下 10 倍桩径范围内)。

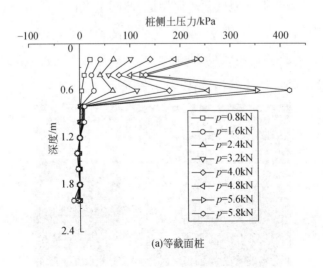

(a)等截面桩

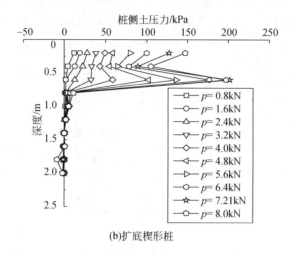

(b)扩底楔形桩

图 5.5　桩侧土压力沿桩深方向分布规律

5.3　小比尺透明土模型试验

5.3.1　模型试验概述

　　本节小比尺透明土模型试验的模型桩、透明土试样等性质与抗压透明土模型试验一致,详见 3.3.1 节描述。水平向荷载试验加载装置及测量系统实物图如图 5.6 所示。考虑不同桩长的影响,本节开展六组不同桩型和桩长情况的透明土模型试验,具体模型试验工况如表 5.2 所示。

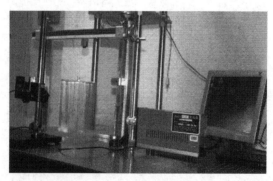

图 5.6　竖向上拔荷载试验加载装置及测量系统

表 5.2　小比尺透明土模型试验工况

桩体类型	楔形桩身段		扩大头直径 D_L	桩长 L
	上部桩径 D_1/mm	下部桩径 D_2/mm	/mm	/mm
等截面桩	7.7	7.7	—	70/100/130
扩底楔形桩	10.7	5.7	14.7	70/100/130

5.3.2　试验结果与分析

1. 桩顶荷载位移关系

水平荷载下三种桩长的扩底楔形桩和等截面桩的桩顶荷载位移关系(H_0-y_0)曲线、荷载位移量与荷载量比的关系(H_0-$\Delta y_0/\Delta H_0$)曲线分别如图 5.7(a)和(b)所示。由图 5.7 可知,水平向极限承载能力与桩长呈正相关,但是并非呈线性相关;当桩长为 70mm 时,由于透明土上部土层相对比较松,导致等截面桩在第一级加载(2.5N)作用下直接破坏、扩底楔形桩在第二级加载(5.0N)作用下直接破坏。图 5.8 展示了两种桩在 130mm 桩长时的水平向荷载位移曲线;表 5.3 展示了根据《建筑桩基技术规范》(JGJ 94－2008)[93]确定的水平向极限承载力值。由图 5.8 可知,由于桩身截面形式的变化,本节试验条件下,当桩长分别为 130mm 和 100mm 时,扩底楔形桩的水平向承载力近似分别为等截面桩的 2.0 倍和 1.0 倍;这可能是由于透明土土层密实度不均、模型尺寸相对偏小所造成的。

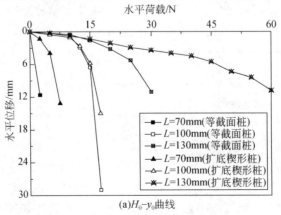

(a)H_0-y_0曲线

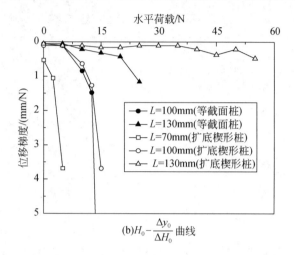

(b)$H_0 - \dfrac{\Delta y_0}{\Delta H_0}$曲线

图 5.7   桩顶荷载位移关系曲线

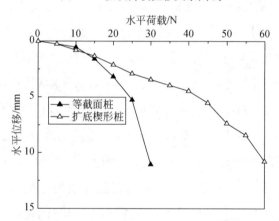

图 5.8   不同桩型情况下桩顶荷载位移关系对比曲线(桩长 $L=130$mm)

表 5.3   桩基水平向极限承载力值

编号	桩型	桩长 L/mm	极限承载力/N
1	等截面桩	70/100/130	—/12.5/20
2	扩底楔形桩	70/100/130	2.5/12.5/50

2. 桩周土体位移场

桩周土体位移场根据两个荷载作用下所拍摄的散斑场图像比对获得。以

30N 水平荷载下的土体位移量与初始状态下土体位移量的差值进行分析,两种桩型在 30N 水平荷载、130mm 桩长情况下的桩周土体位移矢量图如图 5.9 所示。可以看出,30N 水平荷载作用下,桩顶处等截面桩和扩底楔形桩的侧向位移量分别为 11mm 和 3.4mm;等截面桩近似为扩底楔形桩的 3.5 倍。在桩体埋深约为 0.615 倍桩长位置处,桩周土体位移方向有所变化,定义该处为土体移动方向分界线的话,意味着两种桩型在水平荷载作用下的刚性转动角位移 0.615 倍桩长处。

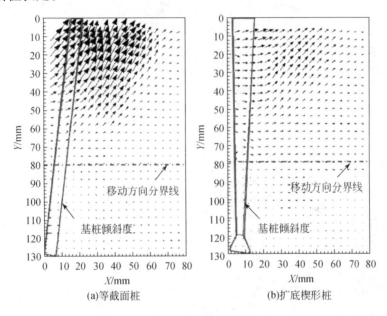

图 5.9　30N 水平荷载下桩周土体位移矢量图

两种桩型在 30N 水平荷载、130mm 桩长情况下的桩周土体位移轮廓图如图 5.10所示。其中,图 5.10(a)～(d)分别表示等截面桩水平位移轮廓图、等截面桩竖向位移轮廓图、扩底楔形桩水平位移轮廓图和扩底楔形桩竖向位移轮廓图。由图 5.10(a)和(b)可知,等截面桩水平运动引起土体的竖向位移较水平向位移略大一些,扩底楔形桩水平运动引起的土体位移也存在同样的情况;由图 5.10(a)和(c)可知,相同荷载作用下,等截面桩引起的土体水平向位移较扩底楔形桩引起的大一些;竖向位移也存在类似的情况。位移量的大小客观地反映了基桩抵抗水平向承载的能力。

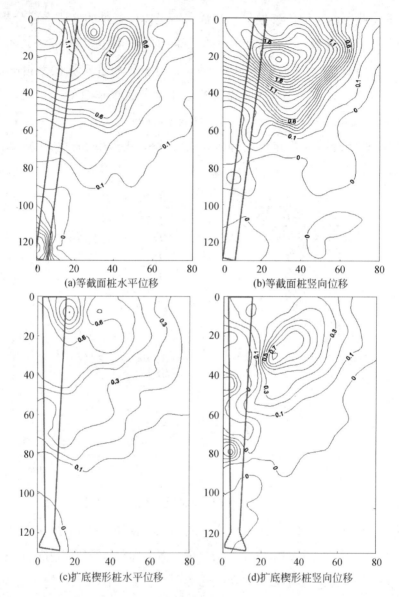

(a)等截面桩水平位移　　　　　(b)等截面桩竖向位移

(c)扩底楔形桩水平位移　　　　　(d)扩底楔形桩竖向位移

图 5.10　30N 水平荷载下桩周土体位移轮廓图

3. 破坏形式对比分析

　　由规范确定的破坏状态下两种桩(桩体埋深＝130mm)在透明土中的形态
实物图分别如图 5.11(a)和(b)所示。可以看出,基桩在破坏荷载作用下整体表现为刚性转动破坏形式,且转动角与基桩的承载能力相关,转动点与荷载等级相关且随着荷载的增加而略向桩底移动。

由图 5.11(a)可知,当等截面桩达到 30N 极限荷载作用时,其转动点近似发生在 61.5% 桩体埋深处,比天然砂土中 70%～80% 的转动点位置略高一些[115]。由图 5.11(b)可知,当扩底楔形桩达到 60N 极限荷载作用时,其转动点近似发生在 78% 桩体埋深处,与天然砂土中 70%～80% 的转动点位置基本一致[115]。试验过程还发现,水平极限荷载下,两种桩的桩端均略有被上拔的现场发生。

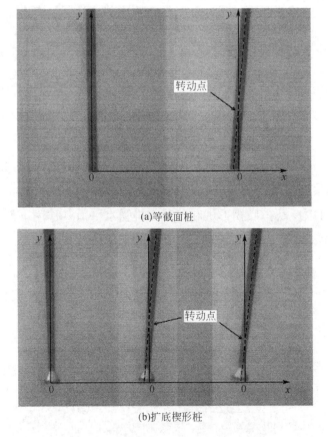

图 5.11 模型桩刚性转动破坏实物图

5.4　数值模拟分析

5.4.1　数值模型建立

　　本节基于 ABAQUS 数值模拟软件建立数值分析模型,数值模型几何尺寸及网格划分与 3.4.1 节一致,具体如图 3.17 所示。模型桩尺寸、桩周土体性质与 3.4.1 节一致,具体如表 3.4 所示。本节对比分析所建立的等混凝土用量条件下扩底楔形桩和等截面桩尺寸形状与 3.4.1 节一致,具体如图 3.18 所示。

5.4.2　数值模型的验证与分析

　　根据扩底楔形桩单桩水平向承载特性的模型试验,数值模型中所建立的扩底楔形桩的模型尺寸与 5.2.1 节模型试验中的一致,数值模型中土体的物理力学参数与 3.2.1 节模型试验中采用的试验用土一致。大比尺模型试验结果与有限元数值模拟结果的对比分析情况如图 5.12 所示,可以看出,相同水平荷载下,位移模拟值略大于实测值;荷载位移关系曲线规律基本一致。由此说明,数值模拟结果可以反映扩底楔形桩和等截面桩受水平荷载作用下的变形规律,进而利用该模型对扩底楔形桩的水平向受力的承载特性进行定性的研究。

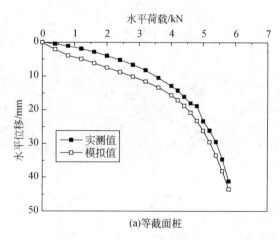

(a)等截面桩

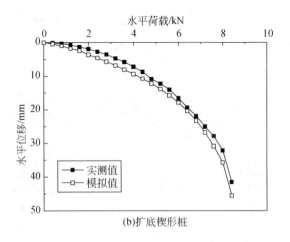

(b)扩底楔形桩

图 5.12　水平荷载位移关系曲线

5.4.3　数值模拟结果与分析

1. 扩底楔形桩与等截面桩的对比分析

不同桩型水平荷载位移关系对比曲线如图 5.13 所示,水平荷载为 140kN 的情况下,两种桩型水平位移随桩深的变化规律如图 5.14 所示。由图 5.13 和

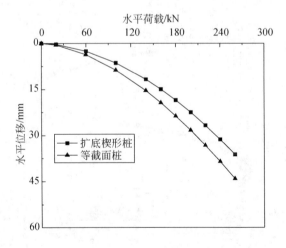

图 5.13　不同桩型水平荷载位移关系对比曲线

图 5.14可知,相同水平荷载下,等截面桩的水平位移值较扩底楔形桩大,即等混凝土用量条件下扩底楔形桩的极限荷载较等截面桩的大。

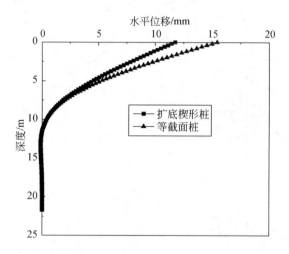

图 5.14　不同桩型水平位移随桩深的变化对比曲线($F=140$kN)

水平荷载为 140kN 的情况下,两种桩型的桩身弯矩随桩深的变化规律如图 5.15所示,可以看出,扩底楔形桩的桩身弯矩分布规律与等截面桩的分布规律相似。

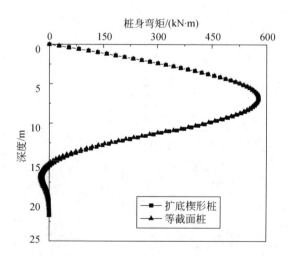

图 5.15　不同桩型桩身弯矩随桩深的变化对比曲线($F=140$kN)

2. 桩体与桩周土体模量比的影响分析

通过设置扩底楔形桩桩体模量（60GPa、20GPa 和 5GPa）来模拟实际刚性桩、柔性桩的桩体模量，保持土体模量为 5MPa 不变化，即相应的桩-土模量比分别为 12000、4000 和 1000。

桩-土模量比对水平荷载位移关系曲线影响规律如图 5.16 所示，可以看出，200kN 水平荷载等级下，桩-土模量比为 12000 的水平位移近似分别为桩-土模量比为 4000 和桩-土模量比为 1000 的 52.6％和 23.1％。

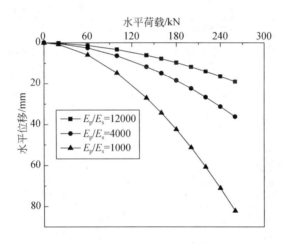

图 5.16　桩-土模量比对水平荷载位移关系曲线影响规律

3. 桩周土体强度的影响分析

通过设置不同桩周土体黏聚力（3kPa、15kPa 和 30kPa）和内摩擦角（10°、20°和 30°）来调控土体强度，桩周土体强度对水平荷载位移关系曲线影响规律如图 5.17所示。相同水平荷载下，桩周土体黏聚力相同，摩擦角越大，水平位移越小；桩周土体摩擦角相同，黏聚力越大，水平位移越小。说明桩周土体强度越大越能抵抗水平荷载，可以通过增强土体强度来提高桩基的水平向承载力。

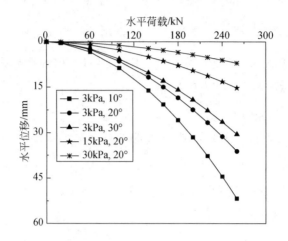

图 5.17　桩周土体强度对水平荷载位移关系变化规律

5.5　理论分析计算

5.5.1　弹性理论模型建立

1. 基本假定

文克尔地基模型将桩周土离散为一系列独立的弹簧模型(刚度系数 $k=F/u_0$，F 和 u_0 分别为计算单元的力和位移值)，将水平荷载作用下的桩-土相互作用力学模型假定为文克尔地基模型，如图 5.18 所示。

工程实践中桩长一般为 20m 左右，在水平荷载 F 作用下其桩端位移近似可以忽略。因此，本节假定桩端为固定约束，扩底楔形桩的桩-土相互作用控制方程可以获得，从而可以计算得到桩身内力。

2. 基本方程的建立与求解

欧拉-伯努利梁的挠曲线微分方程为

$$E_p I_p(z) \frac{\mathrm{d}^4 u}{\mathrm{d}z^4} + ku(z) = 0 \qquad (5.1)$$

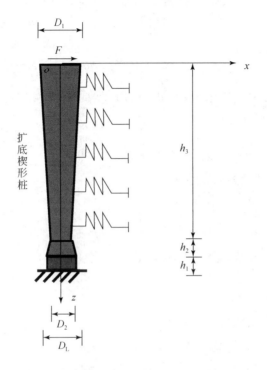

图 5.18　扩底楔形桩桩-土相互作用力学模型

式中，$u(z)$ 为土体在不同深度的水平向位移；E_p 弹性模量；$I_p(z)$ 桩在不同深度处的截面惯性矩。

由此可得，扩底楔形桩不同深度处的分段截面惯性矩为

$$\begin{cases} I_p(z)=\dfrac{\pi\,(D_1-2z\cot\theta)^4}{64}, & 0\leqslant z\leqslant h_3 \\[3mm] I_p(z)=\dfrac{\pi\,[D_2+2(z-h_3)\tan\theta]^4}{64}, & h_3\leqslant z\leqslant h_2+h_3 \\[3mm] I_p(z)=\dfrac{\pi D_L^4}{64}, & h_2+h_3\leqslant z\leqslant h_1+h_2+h_3 \end{cases} \quad (5.2)$$

考虑到扩底楔形桩截面惯性矩分为三段函数，因此式（5.1）也分为如下三段方程：

$$\frac{\pi\,(D_1-2z\cot\theta)^4}{64}E_p\frac{d^4u_1}{dz^4}+ku_1(z)=0, \quad 0\leqslant z\leqslant h_3 \qquad (5.3a)$$

$$\frac{\pi\left[D_2+2(z-h_3)\tan\theta\right]^4 E_{\mathrm{p}}}{64}\frac{\mathrm{d}^4 u_2}{\mathrm{d}z^4}+ku_2(z)=0,\quad h_3\leqslant z\leqslant h_2+h_3 \quad (5.3\mathrm{b})$$

$$\frac{\pi D_{\mathrm{L}}^4 E_{\mathrm{p}}}{64}\frac{\mathrm{d}^4 u_3}{\mathrm{d}z^4}+ku_3(z)=0,\quad h_2+h_3\leqslant z\leqslant h_1+h_2+h_3 \quad (5.3\mathrm{c})$$

为了求解方便，对式(5.3a)和式(5.3b)做如下变量代换：

$$z'=D_1-2z\cot\theta \quad (5.4\mathrm{a})$$

$$z'=D_2+2(z-h_3)\tan\theta \quad (5.4\mathrm{b})$$

则式(5.3a)和式(5.3b)可以变换为

$$\frac{\pi E_{\mathrm{p}}\cot^4\theta}{4}z'^4\frac{\mathrm{d}^4 u_1}{\mathrm{d}z'^4}+ku_1(z')=0,\quad 0\leqslant z\leqslant h_3 \quad (5.5\mathrm{a})$$

$$\frac{\pi E_{\mathrm{p}}\tan^4\theta}{4}z'^4\frac{\mathrm{d}^4 u_2}{\mathrm{d}z'^4}+ku_2(z')=0,\quad h_3\leqslant z\leqslant h_2+h_3 \quad (5.5\mathrm{b})$$

扩底楔形桩的边界条件为

(1)$z=0$，剪力 $Q=F$，弯矩 $M=0$。

(2)$z=h_3$，$u_1=u_2$，$M_1=M_2$，$Q_1=Q_2$，$\varphi_1=\varphi_2$。

(3)$z=h_2+h_3$，$u_2=u_3$，$M_2=M_3$，$Q_2=Q_3$，$\varphi_2=\varphi_3$。

(4)$z=h$，水平位移 $u=0$，转角 $\varphi=0$。

式(5.3a)的通解可以表示为

$$u_1=c_1(D_1-2z\cot\theta)^{\frac{1}{4}}\left(3\lambda_1-\sqrt{5\lambda_1^2-4\lambda_1\sqrt{\lambda_1^2-k\lambda_1}}\right)$$

$$+c_2(D_1-2z\cot\theta)^{\frac{1}{4}}\left(3\lambda_1+\sqrt{5\lambda_1^2-4\lambda_1\sqrt{\lambda_1^2-k\lambda_1}}\right)$$

$$+c_3(D_1-2z\cot\theta)^{\frac{1}{4}}\left(3\lambda_1-\sqrt{5\lambda_1^2+4\lambda_1\sqrt{\lambda_1^2-k\lambda_1}}\right)$$

$$+c_4(D_1-2z\cot\theta)^{\frac{1}{4}}\left(3\lambda_1+\sqrt{5\lambda_1^2+4\lambda_1\sqrt{\lambda_1^2-k\lambda_1}}\right) \quad (5.6\mathrm{a})$$

$$\begin{cases}\varphi_1=\dfrac{\mathrm{d}u_1}{\mathrm{d}z}\\[2mm]M_1=E_{\mathrm{p}}I_{\mathrm{p}}(z)\dfrac{\mathrm{d}\varphi_1}{\mathrm{d}z}\\[2mm]Q_1=\dfrac{\mathrm{d}M_1}{\mathrm{d}z}\end{cases} \quad (5.6\mathrm{b})$$

式(5.3b)的通解可以表示为

$$u_2 = c_1'\left[D_2 + 2(z-h_3)\tan\theta\right]^{\frac{1}{24}}\left[3\lambda_2 - \sqrt{5\lambda_2^2 - 4\lambda_2\sqrt{\lambda_2^2 - k\lambda_2}}\right]$$

$$+ c_2'\left[D_2 + 2(z-h_3)\tan\theta\right]^{\frac{1}{24}}\left[3\lambda_2 + \sqrt{5\lambda_2^2 - 4\lambda_2\sqrt{\lambda_2^2 - k\lambda_2}}\right]$$

$$+ c_3'\left[D_2 + 2(z-h_3)\tan\theta\right]^{\frac{1}{24}}\left[3\lambda_2 - \sqrt{5\lambda_2^2 + 4\lambda_2\sqrt{\lambda_2^2 - k\lambda_2}}\right]$$

$$+ c_4'\left[D_2 + 2(z-h_3)\tan\theta\right]^{\frac{1}{24}}\left[3\lambda_2 + \sqrt{5\lambda_2^2 + 4\lambda_2\sqrt{\lambda_2^2 - k\lambda_2}}\right] \quad (5.7a)$$

$$\begin{cases} \varphi_2 = \dfrac{\mathrm{d}u_2}{\mathrm{d}z} \\[2mm] M_2 = E_\mathrm{p}I_\mathrm{p}(z)\dfrac{\mathrm{d}\varphi_2}{\mathrm{d}z} \\[2mm] Q_2 = \dfrac{\mathrm{d}M_2}{\mathrm{d}z} \end{cases} \quad (5.7b)$$

式(5.3c)的通解可以表示为

$$u_3 = \mathrm{e}^{\lambda z}\left[c_1''\cos(\lambda_3 z) + c_2''\sin(\lambda_3 z)\right] + \mathrm{e}^{-\lambda z}\left[c_3''\cos(\lambda_3 z) + c_4''\sin(\lambda_3 z)\right] \quad (5.8a)$$

$$\begin{cases} \varphi_3 = \dfrac{\mathrm{d}u_3}{\mathrm{d}z} \\[2mm] M_3 = E_\mathrm{p}I_\mathrm{p}(z)\dfrac{\mathrm{d}\varphi_3}{\mathrm{d}z} \\[2mm] Q_3 = \dfrac{\mathrm{d}M_3}{\mathrm{d}z} \end{cases} \quad (5.8b)$$

式中,M 为桩身弯矩;Q 为桩身剪力;u_i 为桩身水平位移;φ 为桩身转角;系数 $\lambda_1 = \dfrac{\pi E_\mathrm{p}\cot^4\theta}{4}$,$\lambda_2 = \dfrac{\pi E_\mathrm{p}\tan^4\theta}{4}$,$\lambda_3 = \left(\dfrac{k}{E_\mathrm{p}I_\mathrm{p}(z)}\right)^{\frac{1}{4}}$;$c_1$、$c_2$、$c_3$、$c_4$、$c_1'$、$c_2'$、$c_3'$、$c_4'$、$c_1''$、$c_2''$、$c_3''$、$c_4''$ 由边界条件确定。

由边界条件可以建立 12 个方程,对应的有 12 个未知系数,求解该线性方程组便可以获得这 12 个未知系数。为了方便,将该线性方程组写成如下的矩阵形式:

$$\begin{bmatrix} F \\ 0 \\ 0 \\ 0 \\ 0 \\ 0 \\ 0 \\ 0 \\ 0 \\ 0 \\ 0 \\ 0 \end{bmatrix} = \begin{bmatrix} A_{1,1} & A_{1,2} & A_{1,3} & A_{1,4} & 0 & 0 & 0 & 0 & 0 & 0 & 0 & 0 \\ A_{2,1} & A_{2,2} & A_{2,3} & A_{2,4} & 0 & 0 & 0 & 0 & 0 & 0 & 0 & 0 \\ A_{3,1} & A_{3,2} & A_{3,3} & A_{3,4} & A_{3,5} & A_{3,6} & A_{3,7} & A_{3,8} & 0 & 0 & 0 & 0 \\ A_{4,1} & A_{4,2} & A_{4,3} & A_{4,4} & A_{4,5} & A_{4,6} & A_{4,7} & A_{4,8} & 0 & 0 & 0 & 0 \\ A_{5,1} & A_{5,2} & A_{5,3} & A_{5,4} & A_{5,5} & A_{5,6} & A_{5,7} & A_{5,8} & 0 & 0 & 0 & 0 \\ A_{6,1} & A_{6,2} & A_{6,3} & A_{6,4} & A_{6,5} & A_{6,6} & A_{6,7} & A_{6,8} & 0 & 0 & 0 & 0 \\ 0 & 0 & 0 & 0 & A_{7,5} & A_{7,6} & A_{7,7} & A_{7,8} & A_{7,9} & A_{7,10} & A_{7,11} & A_{7,12} \\ 0 & 0 & 0 & 0 & A_{8,5} & A_{8,6} & A_{8,7} & A_{8,8} & A_{8,9} & A_{8,10} & A_{8,11} & A_{8,12} \\ 0 & 0 & 0 & 0 & A_{9,5} & A_{9,6} & A_{9,7} & A_{9,8} & A_{9,9} & A_{9,10} & A_{9,11} & A_{9,12} \\ 0 & 0 & 0 & 0 & A_{10,5} & A_{10,6} & A_{10,7} & A_{10,8} & A_{10,9} & A_{10,10} & A_{10,11} & A_{10,12} \\ 0 & 0 & 0 & 0 & 0 & 0 & 0 & 0 & A_{11,9} & A_{11,10} & A_{11,11} & A_{11,12} \\ 0 & 0 & 0 & 0 & 0 & 0 & 0 & 0 & A_{12,9} & A_{12,10} & A_{12,11} & A_{12,12} \end{bmatrix} \begin{bmatrix} c_1 \\ c_2 \\ c_3 \\ c_4 \\ c_1' \\ c_2' \\ c_3' \\ c_4' \\ c_1'' \\ c_2'' \\ c_3'' \\ c_4'' \end{bmatrix}$$

$$\text{(5.9)}$$

5.5.2　弹塑性理论模型建立

1. 基本假定

将桩周土体离散为一系列相互独立的弹塑性模型来模拟水平荷载作用下的桩-土相互作用,即由目前国际上通用的 $p\text{-}y$ 曲线计算方法求解,受力模型如图 5.19 所示。该理论模型不考虑土体间的连续性且桩顶为自由结构。

2. 控制方程的建立

桩身挠曲微分方程可以表达为

$$E_{\mathrm{p}}I_{\mathrm{p}}(z)\frac{\mathrm{d}^4 u}{\mathrm{d}z^4} + D(z)k_{\mathrm{h}}(z)y(z) = 0 \tag{5.10}$$

式中,E_{p} 为弹性模量;$I_{\mathrm{p}}(z)$ 为桩截面惯性矩;$D(z)$ 为桩身截面直径;k_{h} 为地基土的水平地基抗力系数;$y(z)$ 为桩体水平向位移。

将桩身划分为 $N_1 + N_2 + N_3$ 个单元,令 $N = N_1 + N_2 + N_3$,上部单元长度

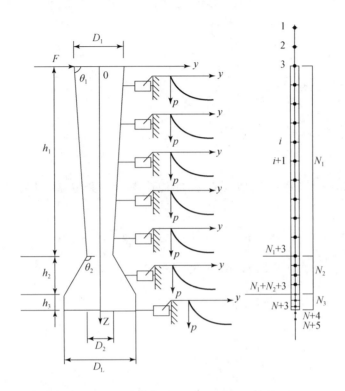

图 5.19　扩底楔形桩桩-土相互作用力学模型

为 h_1/N_1，中部单元长度为 h_2/N_2，底部单元长度为 h_3/N_3；令桩顶编号为 3，桩底编号为 $N+3$，在两端的延长线上建立假想点 1、2 和 $N+4$、$N+5$。建立差分表达式：

$$\left(\frac{\mathrm{d}^4 y}{\mathrm{d} z^4}\right)_i \approx \frac{y_{i+2}-4y_{i+1}+6y_i-4y_{i-1}+y_{i-2}}{h^4} \tag{5.11}$$

根据扩底楔形桩截面特性，其截面惯性矩可以表达为

$$\begin{cases} I_p(z)=\dfrac{\pi\,(D_1-2z\cot\theta_1)^4}{64}, & 0\leqslant z\leqslant h_1 \\[3mm] I_p(z)=\dfrac{\pi\,[D_2-2(z-h_1)\cot\theta_2]^4}{64}, & h_1\leqslant z\leqslant h_1+h_2 \\[3mm] I_p(z)=\dfrac{\pi D_L^4}{64}, & h_1+h_2\leqslant z\leqslant h_1+h_2+h_3 \end{cases} \tag{5.12}$$

考虑到扩底楔形桩截面惯性矩分为三段函数，因此式(5.10)也分为如下三

段方程：

$$
\begin{cases}
\dfrac{\pi\,(D_1-2z\cot\theta_1)^4 E_p}{64}\dfrac{\mathrm{d}^4 y_1}{\mathrm{d}z^4}+(D_1-2z\cot\theta_1)k_h y_1(z)=0, & 0\leqslant z\leqslant h_1 \\[3mm]
\dfrac{\pi\,[D_2-2(z-h_1)\cot\theta_2]^4 E_p}{64}\dfrac{\mathrm{d}^4 y_2}{\mathrm{d}z^4}+[D_2-2(z-h_1)\cot\theta_2]k_h y_2(z)=0, & h_1\leqslant z\leqslant h_1+h_2 \\[3mm]
\dfrac{\pi D_L^4 E_p}{64}\dfrac{\mathrm{d}^4 y_3}{\mathrm{d}z^4}+D_L k_h y_3(z)=0, & h_1+h_2\leqslant z\leqslant h_1+h_2+h_3
\end{cases}
$$

$$(5.13)$$

对桩身各计算点导数以差分式近似代替，将式(5.11)代入式(5.10)化简，得

$$y_{i+2}-4y_{i+1}+(6+A_i)y_i-4y_{i-1}+y_{i-2}=0 \qquad (5.14)$$

式中，$A_i=\dfrac{Dk_{hi}}{(EI)h^4}$，$i=3,4,\cdots,N+2,N+3$。

式(5.14)可分为三种情况：

(1)当 $0\leqslant z\leqslant h_1$ 时，

$$
\begin{cases}
h=\dfrac{h_1}{N_1} \\[3mm]
D=D_1-2z\cot\theta_1 \\[3mm]
I=\dfrac{\pi\,(D_1-2z\cot\theta_1)^4}{64}
\end{cases}
\qquad (5.15)
$$

(2)当 $h_1\leqslant z\leqslant h_1+h_2$ 时，

$$
\begin{cases}
h=\dfrac{h_2}{N_2} \\[3mm]
D=D_2-2(z-h_1)\cot\theta_2 \\[3mm]
I=\dfrac{\pi\,[D_2-2(z-h_1)\cot\theta_2]^4}{64}
\end{cases}
\qquad (5.16)
$$

(3)当 $h_1+h_2\leqslant z\leqslant h_1+h_2+h_3$ 时，

$$
\begin{cases}
h=\dfrac{h_3}{N_3} \\[3mm]
D=D_L \\[3mm]
I=\dfrac{\pi D_L^4}{64}
\end{cases}
\qquad (5.17)
$$

设作用 y 轴负方向的剪力 F 为正,桩顶无约束有 F 作用,假设忽略桩底处的弯矩和剪力,则扩底楔形桩的边界条件为

$$
\begin{cases}
(M)_{N+3} = -(EI)_{N+3}\left(\dfrac{\mathrm{d}^2 y}{\mathrm{d}z^2}\right)_{N+3} = 0 \\[2mm]
(H)_{N+3} = -(EI)_{N+3}\left(\dfrac{\mathrm{d}^3 y}{\mathrm{d}z^3}\right)_{N+3} = 0 \\[2mm]
(M)_3 = -(EI)_3\left(\dfrac{\mathrm{d}^2 y}{\mathrm{d}z^2}\right)_3 = 0 \\[2mm]
(H)_3 = -(EI)_3\left(\dfrac{\mathrm{d}^3 y}{\mathrm{d}z^3}\right)_3 = -H_0
\end{cases}
\tag{5.18}
$$

简化得到:

$$
\begin{cases}
y_{N+5} - 2y_{N+4} + 2y_{N+2} - y_{N+1} = 0 \\[2mm]
y_{N+4} - 2y_{N+3} + y_{N+2} = 0 \\[2mm]
y_5 - 2y_4 + 2y_2 - y_1 = \dfrac{2h^3}{(EI)H_0} \\[2mm]
y_4 - 2y_3 + y_2 = 0
\end{cases}
\tag{5.19}
$$

由式(5.19)与式(5.14)得到 $N+5$ 元方程组,且该方程组中含有 $N+5$ 个未知量。采用迭代法联立可求得 $N+5$ 个点位移 y_i,获得 y_i 后,根据上述公式可以计算得到桩身任一深度处的弯矩、剪力以及转角等力学状态。

3. p-y 曲线的选择

软黏土不排水强度标准值 $C_u \leqslant 96$ kPa 时,其 p-y 曲线可用下列公式确定:

$$
z_r = \frac{6C_u d}{\gamma d + \varepsilon C_u}
\tag{5.20}
$$

$$
\begin{cases}
P_u = 3C_u + \gamma z + \dfrac{\varepsilon C_u z}{d}, & z < z_r \\[2mm]
P_u = 9C_u, & z > z_r
\end{cases}
\tag{5.21}
$$

$$
\begin{cases}
p = 0.5\left(\dfrac{y}{y_{50}}\right)^{1/3} p_{\mathrm{u}}, & \dfrac{y}{y_{50}} < 8 \\[3mm]
p = 1.0 p_{\mathrm{u}}, & \dfrac{y}{y_{50}} > 8
\end{cases}
\tag{5.22}
$$

式中，p 为作用桩上的水平土抗力标准，kPa；y 为侧向水平位移，mm；d 为桩径；其余计算参数见《港口工程桩基规范》(JTS 167—4—2012)[116]。

砂土中桩的 $p\text{-}y$ 曲线可按下列公式确定：

$$
\begin{cases}
p_{\mathrm{u}} = (C_1 z + C_2 d)\gamma z, & z < z_{\mathrm{r}} \\[2mm]
p_{\mathrm{u}} = C_3 d\gamma z, & z > z_{\mathrm{r}}
\end{cases}
\tag{5.23}
$$

$$
p = \Psi p_{\mathrm{u}} \tanh\left(\frac{kzY}{\Psi p_{\mathrm{u}}}\right)
\tag{5.24}
$$

$$
\Psi = \left(3.0 - \frac{0.8z}{d}\right) \geqslant 0.9
\tag{5.25}
$$

其中，C_1、C_2、C_3 为系数，具体参见《港口工程桩基规范》(JTS 167—4—2012)[116]；k 为土抗力的初始模量，与砂土内摩擦角有关；p、y、d 意义同上。

5.5.3　理论模型的验证与分析

将本节所建立的弹性理论公式、弹塑性理论公式与大比尺模型试验结果和小比尺模型试验结果进行对比分析。针对大比尺模型试验的理论计算参数，与5.2.1节大比尺模型试验一致。针对小比尺透明土模型试验的理论计算参数，与5.3.1节小比尺透明土模型试验一致。

理论计算所得的桩顶荷载位移关系曲线与试验结果的对比图分别如图5.20(a)和(b)所示。由图5.20可知，本节理论计算所得的桩顶荷载位移关系曲线结果与模型试验结果相近，说明所建立的理论模型的准确性和可靠性。所建立的基于 $p\text{-}y$ 曲线的弹塑性理论计算方法，较基于文克尔地基模型和欧拉-伯努利梁的挠曲线微分方程的弹性理论方法而言，更合理一些。

5.5.4　理论计算结果与分析

考虑扩底楔形桩的实际尺寸，基于推导的弹塑性理论计算公式，分别讨论

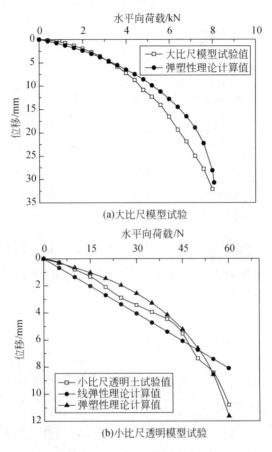

图 5.20　荷载-位移曲线对比图

扩大头直径和楔形角等因素对水平向承载特性的规律,分析时取极限荷载的 1/2(工作荷载,本节取桩顶水平荷载 $F=2000$kN)进行讨论与分析。模型桩尺寸如图 3.18 所示,桩体弹性模量 $E_p=25$GPa,泊松比 $v_p=0.2$;桩周土体摩擦角 $\varphi=37.3°,\gamma=15$kN/m³,土抗力的初始模量为 $k=40000$kN/m³。

1. 极限承载力对比分析

两种桩的桩顶荷载位移关系曲线对比图如图 5.21 所示。可以看出,两种桩的荷载位移关系曲线均表现为缓变型模式。参照《港口工程桩基规范》(CJTS 167—4—2012),采用分别引两条曲线的初、末切线交于两点(也就是图

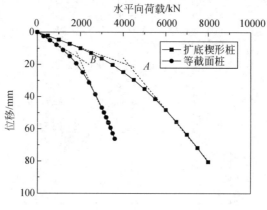

图 5.21　水平荷载-位移关系曲线对比图

5.21 中 A、B 两点)来确定极限承载力值。等截面桩和扩底楔形桩的水平极限
承载力分别为 2000kN 和 4200kN,扩底楔形桩的极限承载力近似为等截面桩
的 2 倍。

2. 扩大头直径的影响规律

扩大头直径对桩身水平位移和桩身弯矩沿桩深方向发展的影响规律分别
如图 5.22(a)和(b)所示。

由图 5.22(a)可知,当桩深达到 13m 时,桩身水平位移近似为零,即桩长的临界
深度。弹塑性理论解所得的临界深度较线弹性理论解所得结果要浅 4m 左右,且相
同水平荷载下弹塑性理论解所得桩身水平位移小于线弹性理论解桩身水平位移。

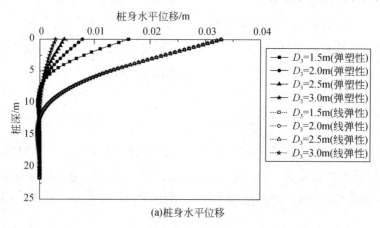

(a)桩身水平位移

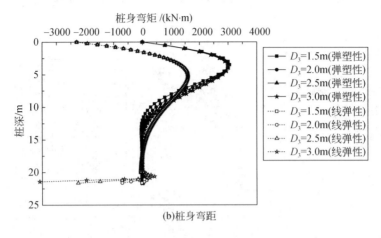

(b)桩身弯距

图 5.22　扩大头直径的影响规律

由图 5.22(b)可知,弹塑性理论解所得弯矩最大值出现在 3.5m 左右,线弹性理论解所得弯矩最大值发生在 5m 左右位置。相同水平荷载下,桩身上部(<7m)弹塑性理论解所得桩身弯矩值大于线弹性理论解桩身弯矩值,桩身 7～15m 处弹塑性理论解所得桩身弯矩值逐渐小于线弹性理论解桩身弯矩值,15m 以下弹塑性理论解所得桩身弯矩值小于线弹性理论解桩身弯矩值,直至为零。

3. 楔形角的影响规律

楔形角对桩身水平位移和桩身弯矩沿桩深发展的影响规律分别如图 5.23(a)和(b)所示。

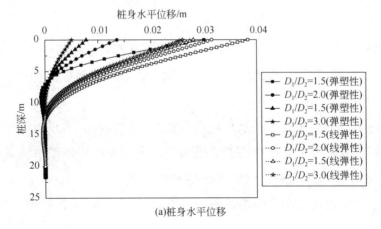

(a)桩身水平位移

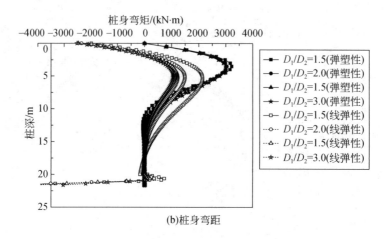

(b)桩身弯距

图5.23　楔形角的影响规律

由图5.23(a)可知,与扩大头直径影响规律类似,弹塑性理论解所得的临界深度为8m左右,而线弹性理论解所得的临界深度为12m左右。

由图5.23(b)可知,弹塑性理论解和线弹性理论解所得扩底楔形桩的桩身弯矩最大值分别出现在3.5m和5m左右;相同水平荷载下,桩身上部(5m以上)弹塑性理论解桩身弯矩值大于线弹性理论解桩身弯矩值,桩身5～10m时弹塑性理论解桩身弯矩值逐渐小于线弹性理论解桩身弯矩值,10m以下弹塑性理论解桩身弯矩值小于线弹性理论解桩身弯矩值,直至为零。

5.6　本章小结

本章针对等混凝土用量条件下的扩底楔形桩和等截面桩的水平向承载特性进行大比尺模型试验、小比尺透明土模型试验、数值模拟以及理论分析,可以得出如下几点结论:

(1)由于桩侧土体浅层对水平向承载特性影响相对更明显,且在桩周土体浅层位置,扩底楔形桩直径比等截面桩略大。本章大比尺模型试验条件下,扩底楔形桩的水平极限荷载近似是等截面桩的1.48倍。

(2)本章小比尺透明土模型试验条件下,基桩在破坏荷载作用下整体表现为刚性转动破坏形式,且转动角与基桩的承载能力相关,转动点与荷载等级相关且随着荷载的增加而略向桩底移动。当等截面桩达到 30N 极限荷载作用时,其转动点近似发生在 61.5% 桩体埋深处,比天然砂土中 70%~80% 的转动点位置略高一些;当扩底楔形桩达到 60N 极限荷载作用时,其转动点近似发生在 78% 桩体埋深处,与天然砂土中 70%~80% 的转动点位置基本一致。

(3)尽管本章理论模型建立时的基本假定有一定的局限性,但是,本章所建立的理论模型考虑到土体的弹塑性变形,建立了扩底楔形桩的 p-y 曲线,能简单、有效地计算水平荷载作用下扩底楔形桩承载特性。同时可以推广应用于其他纵向截面异形桩的水平向承载力的设计计算,拓宽了 p-y 曲线法的应用范围,与弹性理论计算方法相比,有一定的改进和提高。

(4)本章模型参数条件下,由于水平荷载作用下,桩基承载力存在有效桩长。等混凝土用量条件下,扩底楔形桩发挥作用的上部桩径大于等截面桩,且扩大头提供了反向抗力;这造成扩底楔形桩的水平极限承载力较等截面桩的高。参数分析所得的结果,对于扩底楔形桩尺寸的设计具有参考价值。

第6章 地面堆载作用下负摩阻力特性

6.1 引　言

当桩周土体沉降大于桩体沉降时,桩侧会引起负摩阻力,负摩阻力产生的桩身下拽力和桩顶下拽位移会影响上部结构的稳定性。然而,实际工程中,当地面堆载或地下水位下降等情况下均会产生土体沉降大于桩体沉降的情况[117, 118]。因此,在软土地区桩基础设计时,必须考虑桩侧负摩阻力的影响。开展地面堆载作用下扩底楔形桩的承载特性及桩-土相互作用机理研究,对拓展扩底楔形桩技术应用及其安全运营具有至关重要的作用。

本章结合室内大比尺模型试验开展扩底楔形桩与等截面桩的桩身下拽力和桩顶下拽位移特性研究,基于小比尺透明土模型试验开展扩底楔形桩与等截面桩的中性点位置研究[119],结合数值模拟[87]和理论分析[120]的方法,探讨桩基截面形式(楔形角、扩大头直径)以及桩周土体性质等因素对基桩负摩阻力特性的影响,为今后类似土层地面堆载条件下扩底楔形桩的设计与计算提供参考依据。除此之外,著者[121]还建立扩底楔形桩群桩数值模型,探讨地面堆载作用下群桩负摩阻力的特性研究。同时,著者[122]已编制扩底楔形桩桩侧负摩阻力计算相关软件,方便后续计算。

6.2　大比尺模型试验

6.2.1　模型试验概述

本节模型试验所采用的模型槽、试验土料与第3章所用模型槽一致,具体模型槽实物图如图 3.1 所示,砂性土颗分试验结果如图 3.2 所示,基于现场 CPT 测试所得端阻力和侧阻力测试结果如图 3.3 所示。试验模型桩为 1 根扩底楔形桩和 1 根等截面桩,具体设计参数及实物图如图 3.4 所示,尺寸示意图如图 3.5 所示。现场模型桩埋设及测试元器件,详见 3.2.1 节所述。

参照《建筑地基基础设计规范》(GB 50007—2011)[97]中关于静载荷试验的维持荷载法进行确定分级加载量、稳定及终止标准等参数,地面堆载加载系统布置实物图如图 6.1 所示。

图 6.1　地面堆载加载系统

6.2.2　试验结果与分析

1. 桩顶下拽位移变化规律

在不同地面堆载等级下,扩底楔形桩和等截面桩的桩顶下拽位移变化规律如图 6.2 所示。随着地面堆载等级的增加,桩顶下拽位移不断增大,在堆载初期(0～30kPa),相同堆载等级下,等截面桩的桩顶下拽位移要比扩底楔形桩的大,说明在此堆载范围内,等截面桩的桩身下拽力要比扩底楔形桩的大;随着堆载等级超过30kPa时,荷载逐渐传递到下部土层中,扩底楔形桩的扩大头处桩土接触面积大于等截面的桩土接触面积,扩底楔形桩的下拽力增大,这使得扩底楔形桩的桩顶下拽位移大于等截面桩,其桩身下拽力要比等截面桩的大。

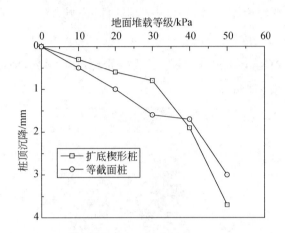

图6.2　桩顶下拽位移与地面堆载等级关系曲线

2. 桩端阻力变化规律

地面堆载等级与桩端阻力的关系曲线如图6.3所示。随着堆载等级的增加,两种模型桩的桩端阻力逐渐增大,在相同荷载等级下,扩底楔形桩的桩端阻力值大于等截面桩的桩端阻力值,这主要是由于桩端截面面积不同。

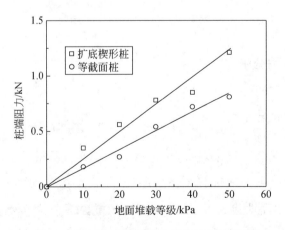

图6.3　桩端阻力与地面堆载等级关系曲线

3. 桩身轴力变化规律

不同地面堆载等级下的桩身轴力分布曲线如图 6.4 所示,可以看出,随着堆载等级的增加,桩身轴力不断增大;同级荷载下,桩身轴力随深度先增大后减小。

图 6.4(a)中,在桩身上部(0~1.0m),扩底楔形桩的桩身轴力分布曲线斜率随堆载荷载等级的增大而增大,这反映了上部的桩侧摩阻力逐渐增大,在桩身下部(1.0~2.0m),桩身轴力逐渐减小,桩侧摩阻力也减小,说明在靠近桩底附近,桩端阻力开始起到主导作用,分担桩身下拽力的大部分。图 6.4(b)中等截面桩的桩身轴力变化幅度不大,说明桩侧摩阻力比较小,主要的荷载是由桩端阻力来承担的。

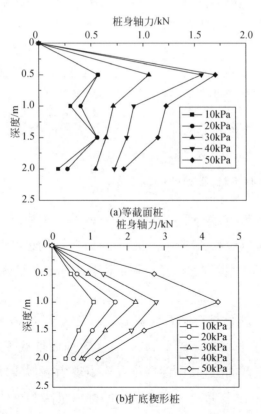

图 6.4　不同地面堆载等级下桩身轴力分布曲线

6.3　中性点位置确定小比尺透明土模型试验

6.3.1　模型试验概述

本节小比尺透明土模型试验的模型桩(1根扩底楔形桩和1根等截面桩)、透明土试样等性质与抗压透明土模型试验一致,详见3.3.1节描述。地面堆载采用砝码。本节开展了两种类型桩、六组透明土模型试验的负摩阻力承载特性对比试验,具体模型试验工况如表6.1所示。

表 6.1　小比尺透明土模型试验工况

桩体类型	楔形桩身段		扩大头直径	桩长	地面堆载等级		
	上部桩径 D_1/mm	下部桩径 D_2/mm	D_L/mm	L/mm	q/kPa		
扩底楔形桩	10.7	5.7	14.7	145(135)	41.5	57.1	72.7
等截面桩	7.7	7.7	—	145(132)	41.5	57.1	72.7

注:桩长括号内数据表示试验中埋入桩长。

6.3.2　试验结果与分析

1. 地面堆载作用下桩-土相对位移关系

地面堆载作用下,扩底楔形桩和等截面桩的桩-土相对位移关系曲线归一化结果分别如图 6.5(a)和(b)所示。桩、土沉降与平均桩径(7.7mm)的比值作为横坐标,土层厚度与埋入桩长(扩底楔形桩为135mm、等截面桩为132mm)的比值作为纵坐标。

由图 6.5 可知,土体沉降随着桩深方向逐渐减小,桩体沉降量沿桩深方向基本不变(桩体本身压缩变形近似为零)。随着地面堆载等级的增加,不管是扩底楔形桩还是等截面桩,其中性点位置均表现为近似线性增加趋势。相同地面堆载等级下,扩底楔形桩模型试验中的桩体沉降和土体分层沉降绝对值均大于等截面桩模型试验情况。这主要是由于两组试验过程中,操作控制土体密实度差异等因素造成的,同时也说明,土样制配及其密实度等参数控制对试验结果影响相对较明显。

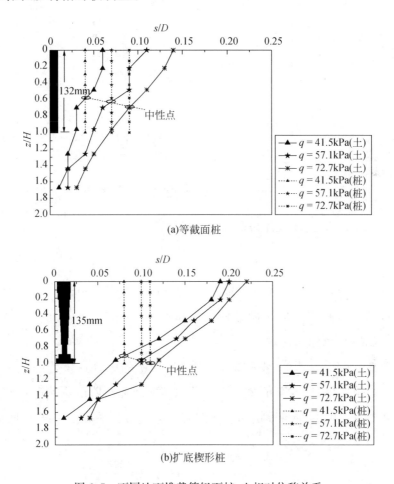

图 6.5　不同地面堆载等级下桩-土相对位移关系

2. 桩顶下拽位移随堆载等级变化关系

扩底楔形桩和等截面桩的桩顶下拽位移随地面堆载等级的变化规律如图 6.6 所示。可以看出,该试验条件下,扩底楔形桩的桩顶下拽位移与地面堆载关系曲线与等截面桩的桩顶下拽位移与地面堆载关系曲线规律基本一致;在 60kPa 堆载等级范围内,桩顶下拽位移随地面堆载等级近似呈线性增长。

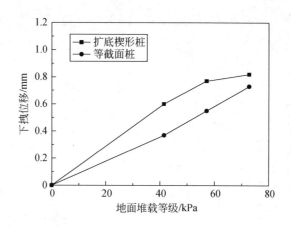

图 6.6　桩顶下拽位移随地面堆载等级变化规律曲线

3. 基桩形式对桩、土沉降的影响规律分析

不同地面堆载等级（41.5kPa、57.1kPa 和 72.7kPa）作用下，桩和土体沉降随桩深方向的分布规律曲线分别如图 6.7 所示。由于两组试验操作控制土体密实度差异等因素造成扩底楔形桩模型试验中的桩体、土体沉降量较大。但是，忽略沉降量绝对值的影响。

由图 6.7 可知，相同荷载等级下，扩底楔形桩的中性点位置明显较等截面桩的中性点位置偏下，这可能是由于楔形桩身对土体沉降的影响（侧摩阻力）相对较小和扩大头的存在导致相同土体沉降下桩底沉降的降低等两方面原因。

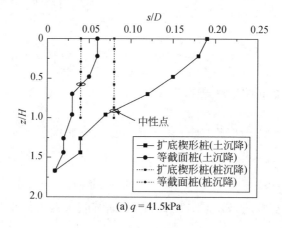

(a) $q = 41.5$kPa

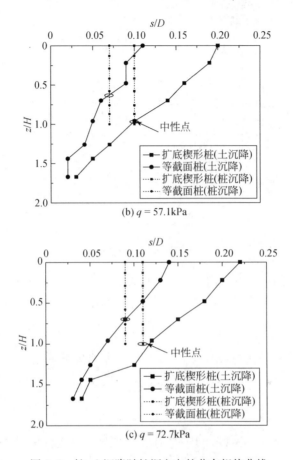

图 6.7　桩、土沉降随桩深方向的分布规律曲线

4. 中性点位置变化规律分析

根据桩体沉降量与土体沉降量一致的位置为中性点位置的确定准则;本节试验所测得的扩底楔形桩和等截面桩的中性点位置与地面堆载等级关系曲线如图 6.8所示。为了对比分析,已有现场试验[123]、常规模型试验[118]以及离心机模型试验[124]所得相关中性点位置研究结果也描述在图 6.8 中。

由图 6.8 可知,本书试验所得基桩中性点位置随着地面堆载等级的增加近似呈线性增长,扩底楔形桩的中性点位置明显比等截面桩的中性点位置偏低,本书试验所得等截面桩中性点位置比已有参考文献相关中性点位置研究成果略有偏高。

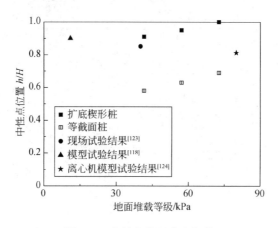

图 6.8　中性点位置分布规律

在国内外桩基设计规范中,针对负摩阻力作用下桩基承载力设计部分中性点位置的确定方法,日本规范建议采用的一种中性点估算方法,如式(6.1)所示。但往往涉及的参数太多,而过多的参数选择中产生的累计误差导致计算所得的中性点位置未必比规范中给出的经验参考值更准确。

$$l_n = \dfrac{K_v S_0 + \bar{\tau} U l_0 - P}{\dfrac{K_v S_0}{l_0} + 2\bar{\tau} U} \qquad\qquad (6.1)$$

式中,P 为桩顶荷载;U 为桩周长;l_0 为桩周压缩层下限;K_v 为桩端土层垂直弹簧系数;S_0 为地基表面沉降;$\bar{\tau}$ 为桩侧平均单位摩阻力。

中性点位置根据现场试验获得桩周土层沉降与桩体沉降量计算得到,当条件不允许时,可以参照如下指标进行选取:持力层为基岩取 1.0,为砾石或卵石层取 0.9,为中密以上砂取 0.7~0.8,为黏性土或粉土取 0.5~0.6;当桩周土穿越自重湿陷性黄土层时,除了基岩持力层之外,其他土层取值在原来取值基础上增加 10%[93]。

《建筑桩基技术规范》(JGJ 94—2008)所给出的中性点位置参考建议值为 0.7~0.8H;本书试验所得等截面桩的中性点位置为 0.6~0.7H,所得扩底楔形桩的中性点位置为 0.9~1.0H。由此可知,目前建筑桩基规范对中性点位置的建议值基本满足负摩阻力作用下中性点位置的取值。不过,根据本书试验所得结果,建议考虑基桩形式等因素影响砂性土的中性点取值范围,即在设计选取时,为考虑基桩截面形式等因素影响提供一个修正系数。

6.4　数值模拟分析

6.4.1　数值模型建立

本节基于 FLAC³ᴰ 数值模拟软件建立数值分析模型。数值模型几何模型及其网格划分与 3.4.1 节一致,具体如图 3.17 所示;模型桩尺寸、桩周土体性质与 3.4.1 节一致,具体如表 3.4 所示。本节所建立的两种桩的尺寸形状与 3.4.1 节一致,具体如图 3.18 所示,具体模拟工况如表 3.5 所示。

6.4.2　数值模型的验证与分析

针对 Sawaguchi[125] 开展的砂土中楔形桩负摩阻力特性模型试验开展数值模拟对比分析。模型槽尺寸为 0.80m×0.70m×1.05m (长×宽×高),楔形桩的楔形角分别为 0.60°、0.30° 和 0.06°,并与等截面桩(楔形角为 0)的负摩阻力特性模型试验进行对比分析;埋入桩长为 0.75m、平均桩径为 0.08m。砂土的最大粒径、均匀系数和比重分别为 4.76 mm、2.5 和 2.70,填筑完成后砂土的密度为 1.67g/cm³。其他更详细参数见文献[125]。数值模拟所得最大下拽力与模型试验实测的对比结果如表 6.2 所示。试验和数值模拟的下拽力均是随着楔形角的增大而减小,只是减小的量相差较大;等截面桩(楔形角为 0)两者对比下的结果是很吻合的,误差为零;其他三种楔形桩数值模拟与模型试验结果差异较大,有待进一步研究。

表 6.2　最大下拽力数值模拟与模型试验实测结果对比

楔形角/(°)	试验实测结果/N	数值模拟结果/N	误差/%
0	250.0	250.0	0
0.06	125.0	194.5	35.7

续表

楔形角/(°)	试验实测结果/N	数值模拟结果/N	误差/%
0.30	35.7	145.0	75.3
0.60	27.8	95.6	70.9

6.4.3　数值模拟结果与分析

1. 扩底楔形桩与等截面桩的对比分析

由图 6.9 可知,在同等级地面堆载作用下,扩底楔形桩的桩身下拽力最大值较等截面桩的桩身下拽力略大,在楔形桩身段,扩底楔形桩的下拽力值较等截面桩的小。这主要是楔形角和扩大头的截面变异所造成的。由图 6.10 可知,相等堆载等级作用下,扩底楔形桩的桩顶下拽位移量较等截面桩有明显的减小。由此说明,扩底楔形桩能有效减小桩顶下拽位移,且楔形角的存在对降低桩顶下拽位移比降低桩身下拽力效果显著。

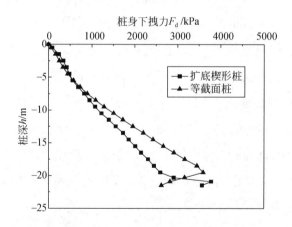

图6.9　桩身下拽力沿桩深方向分布关系对比曲线($q=150$kPa)

2. 桩端土体与桩周土体模量比的影响分析

由图 6.11 可知,地面分级堆载作用下,桩顶下拽位移近似呈线性增长。当

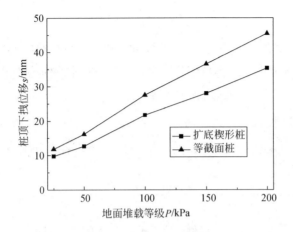

图 6.10　地面堆载等级与桩顶下拽位移关系对比曲线

E_{s1}/E_{s2} 较大时,该桩基为端承型桩,桩顶下拽位移主要时桩体压缩引起的,桩端位移很小;当 E_{s1}/E_{s2} 较小时,该桩基为摩擦型桩,桩顶位移由桩端位移和桩体压缩两部分组成,桩端位移占很大比例。地面堆载作用下,摩擦型桩基础(E_{s1}/E_{s2} 较小时)中负摩阻力引起的桩顶附加下拽位移是最主要问题,这与文献[87]得到的结论一致。

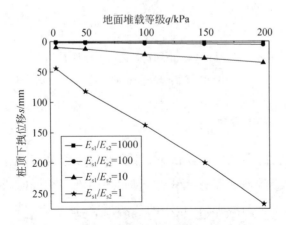

图6.11　不同模量比情况下地面堆载与桩顶下拽位移关系曲线

3. 扩大头直径的影响分析

不同扩大头直径对桩身下拽力沿桩深方向的分布规律对比曲线如图 6.12 所示。可以看出,当扩大头直径达到 2.8m 时,桩身下拽力在楔形桩身段与扩大头链接处出现应力集中而有明显的轴力增大;楔形桩身段轴力随着扩大头的增大而增加,但增加幅值很小。由此可见,扩大头的存在对桩身下拽力是不利的,但对桩端阻力是有利的,扩底楔形桩的扩大头直径并不是越大越好,在某一范围内是最佳的。

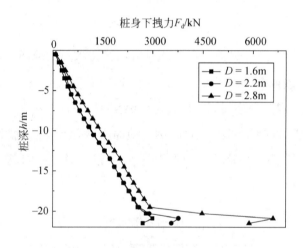

图 6.12　不同扩径情况下桩身下
拽力沿桩深方向分布关系曲线($q=150\text{kPa}$)

4. 桩体模量的影响分析

由图 6.13 可知,不同桩体模量下,桩顶下拽位移分布规律基本一致,均是随着地面堆载等级的增加而近似线性增加;地面堆载相同时,桩顶下拽位移随着并随着桩模的增大而减少,且减小的趋势显著,所以可以通过增大桩身模量的方法来减小桩顶下拽位移。

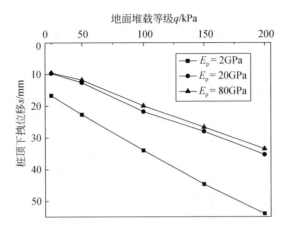

图 6.13　不同桩体模量情况下地面堆载与桩顶下拽位移关系曲线

6.5　理论分析计算

6.5.1　理论模型建立

1. 控制方程

地面堆载作用下扩底楔形桩几何符号和 z 深度位置 dz 厚度微元段受力情况示意图如图 6.14 所示。

考虑微元段竖向受力平衡,可以得到如下关系式:

$$\frac{dF_z}{dz} = 2\tau_z \pi r_z \tag{6.2}$$

式中,F_z 为 z 深度位置的桩身轴力;τ_z 为 z 深度位置的桩-土接触面处应力,是桩体位移 w_p 和桩-土初始接触面竖向分量的函数;r_z 为 z 深度位置处的桩体半径。

对于整体桩长为 $H(H=h_1+h_2+h_3$,符号所表示的位置和意义如图 6.14 所示)、楔形桩身段楔形角为 θ、楔形桩身段平均桩径为 r_0 的扩底楔形桩,其桩体半径 r_z 沿深度方向可以统一表达为如下分段表达式:

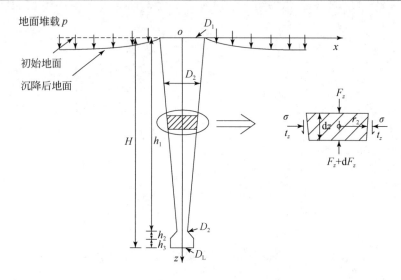

图 6.14　地面堆载下扩底楔形桩几何符号和微元段受力示意图

$$r_z = \begin{cases} r_0 + \left(\dfrac{h_1}{2} - z\right)\tan\theta, & 0 < z \leqslant h_1 \\[2mm] \dfrac{0.5(D_L - D_2)(z - h_1)}{h_2}, & h_1 < z \leqslant h_1 + h_2 \\[2mm] \dfrac{D_L}{2}, & h_1 + h_2 < z \leqslant H \end{cases} \qquad (6.3)$$

桩体由于桩身轴力引起的桩身轴向应变,可以根据胡克定律表示为

$$\frac{\mathrm{d}w_p}{\mathrm{d}z} = \frac{F_z}{\pi r_z^2 E_p} \qquad (6.4)$$

式中,E_p 为桩体材料的杨氏模量。

联立式(6.2)和式(6.4),可以得到如下表达式:

$$\begin{cases} \dfrac{\mathrm{d}^2 w_p}{\mathrm{d}z^2} - \dfrac{2\tan\theta}{\left[r_0 + \left(\dfrac{h_1}{2} - z\right)\tan\theta\right]} \dfrac{\mathrm{d}w_p}{\mathrm{d}z} = \dfrac{2\tau_z}{\left[r_0 + \left(\dfrac{h_1}{2} - z\right)\tan\theta\right]E_p}, & 0 < z \leqslant h_1 \\[4mm] \dfrac{\mathrm{d}^2 w_p}{\mathrm{d}z^2} - \dfrac{2}{z - h_1} \dfrac{\mathrm{d}w_p}{\mathrm{d}z} = \dfrac{4h_2\tau_z}{(D_L - D_2)(z - h_1)E_p}, & h_1 < z \leqslant h_1 + h_2 \\[4mm] \dfrac{\mathrm{d}^2 w_p}{\mathrm{d}z^2} = \dfrac{4\tau_z}{D_L E_p}, & h_1 + h_2 < z \leqslant H \end{cases}$$

$$(6.5)$$

2. 桩侧摩阻力计算公式

小楔形角度（$0\sim5°$）情况下，楔形桩桩侧荷载传递规律与等截面桩相似。结合图 6.15(a)中微元截面的受力情况，桩-土接触面屈服破坏按照式(6.6)计算：

$$\tau_n = \sigma_n \tan\varphi_i + c_i \tag{6.6}$$

式中，σ_n 和 τ_n 分别为桩-土接触面法向应力和切向应力；φ_i、c_i 分别为桩-土接触面的摩擦角和黏聚系数。

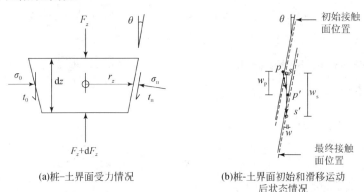

(a)桩-土界面受力情况　　　　　　(b)桩-土界面初始和滑移运动
　　　　　　　　　　　　　　　　　后状态情况

图 6.15　楔形桩身微元段接触面状态

p 和 s 为初始桩和土的位置；p' 和 s' 为沉降后桩和土的位置

利用桩-土接触面处竖向应力和径向应力（σ_0，τ_0）来表示该点应力状态，式(6.6)可以表示为

$$\tau_0 = \sigma_0 \tan(\varphi_i - \theta) + \frac{c_i \sec\theta}{1 + \tan\theta\tan\varphi_i} \tag{6.7}$$

其中，

$$\sigma_0 = K_0(q + \gamma z), \quad 0 < z < H \tag{6.8}$$

$$K_0 = (1 - \sin\varphi)\text{OCR}^{0.5} \tag{6.9}$$

式中，q 为地面堆载，kPa；γ 为土体容重；K_0 为土体静止侧向土压力系数；OCR为超固结系数；φ 为土体内摩擦角。

基于 Randolph 等[101]同心圆筒剪切理论，土体竖向位移可以由平均桩径 r_0

近似表示为

$$w_s = \zeta \frac{\tau_z r_0}{G} \tag{6.10}$$

式中，G 为土体剪切模量。

其中，

$$\zeta = \ln\left[\frac{2.5L(1-\upsilon)}{r_0}\right] \tag{6.11}$$

式中，ν 为泊松比。

如图 6.15(b)所示，竖向荷载作用下土体由 s 点滑移到 s' 点，桩体从 p 点滑移到 p' 点；由此引起的桩-土之间的微小侧向位移 dw 可以表达为

$$dw = (dw_s - dw_p)\tan\theta \tag{6.12}$$

小楔形角情况下，利用平均桩径 r_0 作为扩孔半径，径向应力 $d\sigma$ 可以根据圆孔扩张理论获得。

1)桩-土接触面不出现滑移

$$\tau_z = \frac{G}{\zeta r_0} w_p \tag{6.13}$$

2)桩-土接触面出现滑移

(1)滑移状态下土体处于弹性变形状态情况下，

$$\Delta\sigma = K_e w \tag{6.14}$$

其中，

$$K_e = \frac{2G}{r_0} \tag{6.15}$$

桩侧竖向剪切应力可以表达为

$$\begin{cases} \tau_z = (\sigma_0 - |\Delta\sigma|)\tan(\varphi_i - \theta) + c_i', & \sigma_0 \geqslant |\Delta\sigma| \\ \tau_z = 0, & \sigma_0 < |\Delta\sigma| \end{cases} \tag{6.16}$$

其中，

$$c_i' = \frac{c_i \sec\theta}{1 + \tan\theta\tan\varphi_i} \tag{6.17}$$

联立式(6.12)~式(6.14)和式(6.16)，可以获得土体弹性滑移状态下桩侧土体荷载位移(τ_z-w_p)传递关系表达式为

$$\tau_z = \frac{K_e \tan\theta \tan(\varphi_i - \theta) w_p + \sigma_0 \tan(\varphi_i - \theta) + c_i'}{1 + \dfrac{K_e \zeta r_0}{G} \tan\theta \tan(\varphi_i - \theta)} \tag{6.18}$$

当 $\theta = 0$ 时,式(6.18)退化为式(6.7),即荷载传递关系式与传统等截面桩荷载传递关系式一致。在土体未达到塑性屈服状态之前,桩-土荷载传递关系表达式由式(6.18)计算;当 $w_p > (w_p)_Y$(或 $\sigma > \sigma_Y$)时,桩侧土体达到塑性屈服状态,也采用土体塑性状态下的桩-土荷载传递关系式计算。

采用莫尔-库仑屈服准则,屈服点径向应力可以表达为

$$\sigma_Y = \sigma_0(1 + \sin\varphi) + c\cos\varphi \tag{6.19}$$

式中,φ、c 分别为土体内摩擦角和黏聚力。

(2)滑移状态下土体处于塑性变形状态情况下,

$$\mathrm{d}\sigma = K_p \mathrm{d}w \tag{6.20}$$

其中,

$$K_p = \frac{2Ga_0}{a^2} \tag{6.21}$$

式中,a 为圆孔扩张理论中的孔半径;a_0 为零扩张压力状态下的孔半径;K_p 系数可以根据文献[102]获得。

联立式(6.12)、式(6.13)、式(6.17)和式(6.20),可以获得土体塑性滑移状态下桩侧土体荷载位移(τ_z-w_p)传递关系表达式为

$$\tau_z = \frac{K_p \tan\theta \tan(\varphi_i - \theta) w_p + \sigma_0 \tan(\varphi_i - \theta) + c_i'}{1 + \dfrac{K_p \zeta r_0}{G} \tan\theta \tan(\varphi_i - \theta)} \tag{6.22}$$

将式(6.10)代入式(6.12),然后求积分整理可得

$$w = \frac{\zeta r_0}{G} \tan\theta \tau_z - w_p \tan\theta \tag{6.23}$$

对式(6.20)求积分,径向应力可以表达为

$$\sigma = \sigma_Y + \int_{w_Y}^{w} K_p \mathrm{d}w \tag{6.24}$$

式中,w_Y 可以根据式(6.23),当桩体位移和剪切应力分别达到屈服状态 $(w_p)_Y$、$(\tau_z)_Y$ 时计算得到。相应的公式可以写为

$$\begin{cases} \tau_z = \left(\sigma_Y - \left|\int_{w_Y}^{w} K_p \mathrm{d}w\right|\right)\tan(\varphi_i - \theta) + c_i', & \sigma_Y \geqslant \left|\int_{w_Y}^{w} K_p \mathrm{d}w\right| \\ \tau_z = 0, & \sigma_Y < \left|\int_{w_Y}^{w} K_p \mathrm{d}w\right| \end{cases} \quad (6.25)$$

此外,对于扩大头桩身段($h_1 < z < H$),采用式(6.7)计算荷载位移关系。

3. 桩端阻力计算公式

扩底楔形桩的桩端阻力计算方法与常规等截面桩类似。通常情况下,桩端沉降量较小,将桩端阻力荷载位移传递模型简化假定为线弹性模型,均能满足计算精度要求。基于 Randolph 等[101]桩端荷载传递模型,弹性刚度可以表示为

$$\frac{F_b}{(w_p)_b} = \frac{4r_b G}{(1-v)\eta_b} \quad (6.26)$$

式中,下标 b 表示相关参数位于桩端;η_b 为折减系数,根据持力层土体性质确定。

4. 计算过程及参数选择

将桩体划分为 n 份微小单元,每一微小单元桩-土接触面荷载传递特性采用式(6.13)、式(6.18)和式(6.22)的 τ_z-w_p 关系式计算。理论模型验证中桩、土材料参数与模型试验相同。影响因素分析中,采用的模型桩桩长 H 为 21.7m,楔形桩身段平均桩径 r_0 为 0.5m,楔形角 θ 为 0~5°,扩底楔形桩分段桩长 h_1、h_2 和 h_3 分别为 20m、1.2m 和 0.5m,相应的桩直径 D_1、D_2 和 D_L 分别为 1.5m、0.8m 和 2.2m。理论模型分析中,桩、土材料参数描述与 3.5.1 节一致,详见表 3.7。桩-土接触面处的摩擦角和黏聚力取 0.3 倍的土体内摩擦角和黏聚力。地面堆载等级为 25kPa、50kPa、100kPa、150kPa 和 200kPa。

6.5.2　理论模型的验证与分析

针对 Sawaguchi[125]开展的砂土中楔形桩负摩阻力特性模型试验开展理论计算对比分析。试验情况见 6.4.2 节所述,理论计算所得最大下拽力与模型试验实测、数值模拟结果的对比如图 6.16 所示。由图 6.16 可知,尽管理

论计算所得桩身下拽力数值上与试验所得有一些差异,但是在变化规律上是相似的。本节所建立的理论计算公式可以合理计算楔形角对桩身下拽力的影响规律。

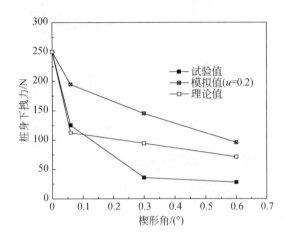

图 6.16　下拽力与楔形角关系对比曲线

6.5.3　理论计算结果与分析

1. 桩身截面形式对桩身下拽力的影响规律分析

为了分析楔形角对桩身下拽力的影响规律,在保持桩长($H=21.7\text{m}$)、扩大头直径($D_L=2.2\text{m}$)和桩身平均直径($r_0=1.15\text{m}$)不变的前提下,改变楔形桩身段下、上直径比(D_2/D_1)以改变楔形角。不同楔形角和 150kPa 地面堆载情况下,归一化桩身下拽力沿桩深分布规律曲线如图 6.17 所示。可以看出,小范围($0\sim5°$)楔形角条件下,桩身下拽力随着楔形角的增大而减少。

为了分析扩大头对桩身下拽力的影响规律,在保持桩长($H=21.7\text{m}$)、楔形桩身段下、上直径比($D_2/D_1=0.8:1.5$)和桩身平均直径($r_0=1.15\text{m}$)不变的前提下,改变扩大头直径($D_L=1.6\text{m}$、1.9m、2.2m 和 2.5m)。不同扩大头直径和 150kPa 地面堆载情况下,归一化桩身下拽力沿桩深分布规律关系如图 6.18 所示。可以看出,桩身下拽力随着扩大头直径的增大而增大。

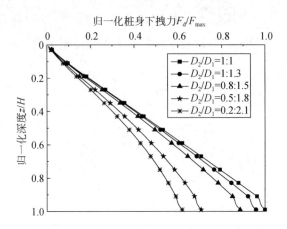

图 6.17　楔形角对桩身下拽力的影响规律

$(D_3 = 2.2\text{m}, r_0 = 1.15\text{m}, q = 150\text{kPa})$

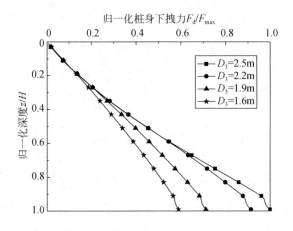

图 6.18　扩大头对桩身下拽力的影响规律

$(D_1 = 1.5\text{m}, D_2 = 0.8\text{m}, q = 150\text{kPa})$

　　同时变化楔形角(D_2/D_1)和扩大头直径(D_L)情况下，桩身下拽力的变化规律如图 6.19 所示。可以看出，扩大头直径一定时，桩身下拽力随着楔形角的增大而减小；楔形角一定时，桩身下拽力随着扩大头直径的减小而减小；该三维曲面总存在一个极值点，使得桩身下拽力最小，此时的楔形角和扩大头直径是最优的。

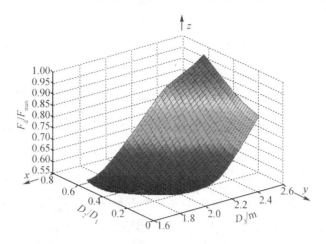

图 6.19　扩大头和楔形角对桩身下拽力的影响规律

2. 桩身截面形式对桩顶下拽位移的影响规律分析

在保持桩长($H=21.7$m)和桩身平均直径($r_0=1.15$m)不变的前提下,同时变化楔形角(D_2/D_1)和扩大头直径(D_L),桩顶下拽位移的变化规律如图 6.20 所示。可以看出,该三维曲面总存在一个极值点,使得桩顶下拽位移最小,此时的楔形角和扩大头直径是最优的。

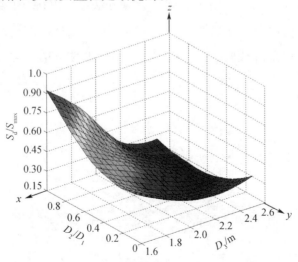

图 6.20　扩大头和楔形角对桩顶下拽位移的影响规律

6.6　本　章　小　结

本章针对两种桩型(扩底楔形桩和等截面桩)的负摩阻力承载性能进行大比尺模型试验、数值模拟及理论分析,同时开展了等混凝土用量条件下等截面桩和扩底楔形桩中性点位置小比尺透明土模型试验,可以得出如下几点结论:

(1)相同地面堆载等级下,等混凝土用量扩底楔形桩桩顶下拽位移较等截面桩有显著降低;桩顶下拽位移近似随地面堆载等级呈线性增长。数值模拟结果表明,扩底楔形桩对降低桩顶下拽位移比降低桩身下拽力更有效;小角度楔形角$(0.4° \sim 1.0°)$条件下,可以降低约 $16\% \sim 20\%$ 桩顶下拽位移量。由此证明扩底楔形桩是降低桩顶下拽位移的有效方法之一。

(2)本章试验条件下,试验所得等截面桩的中性点位置为 $0.6 \sim 0.7H$,扩底楔形桩的中性点位置为 $0.9 \sim 1.0H$。目前《建筑桩基技术规范》(JGJ 94—2008)对中性点位置的建议值$(0.7 \sim 0.8H)$基本满足负摩阻力作用下中性点位置的取值。不过,建议考虑基桩形式等因素影响砂性土的中性点取值范围,即在设计选取时,为考虑基桩截面形式等因素影响提供一个修正系数。

(3)本章所建立的扩底楔形桩理论计算方法可以准确、有效地计算其桩身下拽力和桩顶下拽位移。该计算方法不仅适用于扩底楔形桩,而且适用于常规扩底桩、楔形桩以及等截面桩。从而说明了本章所建立的理论计算模型的广泛适用性。

第7章 沉桩挤土效应特性

7.1 引　　言

预制桩沉降过程中容易引起周围土体的挤压、位移等,从而造成对周围构建物及环境的损害。扩底楔形桩由于其特殊的施工工艺(包括预应力楔形管桩沉桩和扩大头注浆施工两个工艺),在桩基沉桩过程、桩端后注浆施工过程等施工工艺中,均会对周围土体产生扰动位移场,并改变土体应力场,从而影响基桩整体承载特性。因此,该问题有待于深入系统地研究。

本章基于透明土材料开展了扩底楔形桩沉桩挤土效应和扩大头注浆过程模型试验[126, 127],利用PFC数值软件和孔扩张(柱孔扩张和球孔扩张)理论,分析了楔形桩沉桩过程和扩大头注浆施工过程的特性与机理[128~130],并与等截面桩的沉桩挤土效应进行对比分析。初步探讨了扩底楔形桩沉桩和注浆施工工艺对基桩承载特性的影响,为相关工程设计与计算提供参考依据。

7.2　小比尺透明土模型试验

7.2.1　模型试验概述

本节小比尺透明土模型试验的模型槽、模型桩、透明土试样等性质与抗压透明土模型试验一致,详见3.3.1节描述。自动沉桩加载仪装置及测量系统实物图如图7.1所示,自动沉桩加载仪的加载速率为0.1~10mm/s(本试验所选用的沉桩速率为2mm/s)。沉桩过程中,可以同时测定和记录沉桩深度和沉桩阻力值,同时保持所处环境光线均匀,避免对试验造成误差,确保桩身垂直,斜率不大于 0.5%。具体模型试验工况如表 7.1 所示。

表 7.1　模型试验工况

桩体类型	上部与下部桩径比(D_1/D_2)/mm	楔形角/(°)	扩大头直径 D_L/mm	沉桩深度 L/mm
扩底楔形桩	7.4/5.7	1.0	14.7	7.5D
等截面桩	6.4/6.4	0	—	7.5D

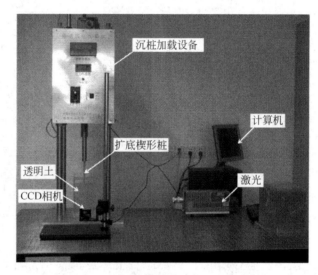

图 7.1　沉桩模型试验装置实物图

7.2.2　模型试验验证

将本节小比尺透明土模型试验所得的归一化结果与基于圆孔扩张理论的计算结果,以及周航等基于透明土材料模型试验结果[131]进行对比分析。文献[129]中,模型桩周土体物理力学参数指标如表 7.2 所示。归一化后等截面桩对比结果如图 7.2所示。由图 7.2可知,本节试验值与其他方法规律接近。由于

表 7.2　土体物理力学参数

E_s/MPa	w/%	$\gamma/(N/m^3)$	I_p	I_L	c/kPa	$\varphi/(°)$
3.4	35	18.04	21.7	0.42	9.43	8.22

注:γ 为重度;E_s 为压缩模量;w 为含水量;I_p 为塑性指数;I_L 为液限指数;c 黏聚力;φ 内摩擦角。

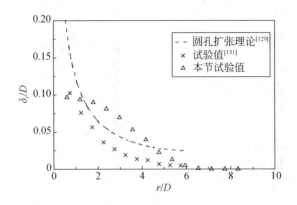

图 7.2　等截面桩径向位移曲线

桩侧壁反光等因素造成桩侧附近散斑场较弱,从而导致靠近桩身 1 倍平均直径处,基于透明土试验所得结果相对偏小。但由于透明土材料与天然砂土有一定的差异,造成在 2～4 倍平均直径处本节试验值相对偏大。

7.2.3　试验结果与分析

1. 位移矢量图

沉桩过程中,桩周土体内部的位移可以用箭头矢量图来表示。沉桩深度从初始状态至 $7.5D$ 时,等截面桩和扩底楔形桩桩周土体的位移箭头矢量图如图 7.3 所示。可以看出,扩底楔形桩挤土影响范围明显大于等截面桩挤土影响范围。在桩底处,由于扩底楔形桩底部直径较大,对桩底部土体的影响范围也明显大于等截面桩的影响范围,对承载力也必然有一定提高。同时,对于扩底楔形桩,由于扩大头的存在,使得桩周土体向竖向运动的趋势更加明显,水平运动的趋势相对较小,这必然会引起表层土体的隆起,影响不可忽略。

2. 位移轮廓图

将试验结果通过桩平均直径 D 归一化处理,沉桩深度从初始状态至 $7.5D$ 时,桩周土体径向和竖向位移轮廓分别如图 7.4 和图 7.5 所示。

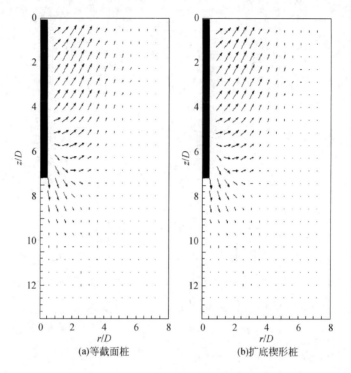

图 7.3 桩周土体位移矢量图

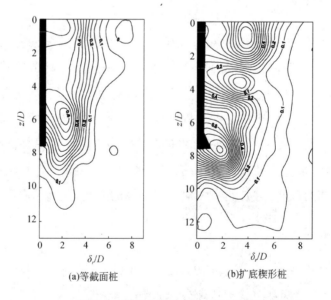

图 7.4 桩周土体径向位移轮廓图

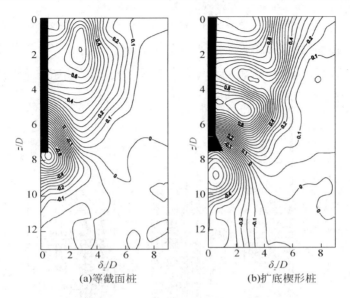

图 7.5　桩周土体竖向位移轮廓图

　　由图 7.4 可知,靠近桩身处,扩底楔形桩的径向位移明显大于等截面桩的位移,约为 2 倍;在表层处,扩底楔形桩径向位移的影响范围也比等截面桩要大,约为 1.2 倍。由图 7.5 可知,对于竖向位移,扩底楔形桩的影响范围明显大于等截面桩,在表层处约为 1.3 倍;靠近桩身处,扩底楔形桩桩周土体位移约为等截面桩的 2 倍;扩底楔形桩桩底土体竖向位移也明显较等截面桩大。

7.3　数值模拟分析

7.3.1　数值模型建立

1. 模型建立

　　本节两种桩(桩型及尺寸如图 3.18 所示)进行 PFC 模拟分析,由于原型内颗粒数量巨大、计算耗时长且容易受计算机容量限制而难以实现,因此,利用相似理论将原有工程桩进行缩尺,从而实现散体材料数量的减少。为了突出考虑

　　沉桩过程的扰动问题,以扩底楔形桩的扩大头与楔形桩身段一起静压沉入土体为物理模型,开展相关数值模拟分析。缩尺后的尺寸与7.2节透明土模型试验模型尺寸一致,模拟沉桩过程的具体几何模型和计算尺寸如图7.6所示。

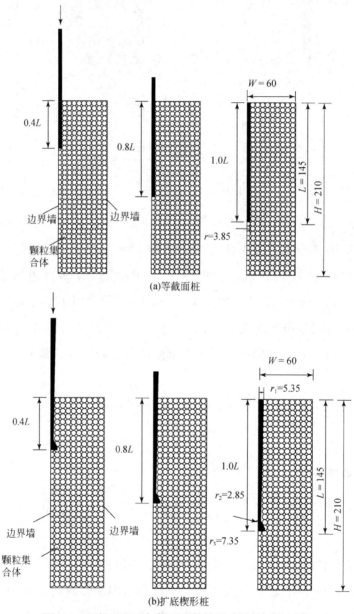

图 7.6　沉桩过程几何模型及计算尺寸图(单位:mm)

2. 参数选择

利用试验模型本身的对称性,数值模拟过程中首先通过定义 4 片墙体,形成一个 60mm×210mm 矩形空间,来模拟一半的模型槽。采用圆盘颗粒(单位厚度)来模拟透明土,颗粒直径为 0.6～1.0mm,且服从正态分布,试样初始孔隙率为 0.2,模型建立后颗粒数目为 20053,模型建立后再删除顶部墙体形成模型箱。采用多段墙体组合来模拟模型桩,采用伺服函数控制墙体的移动速度。

考虑透明土本身在试验过程中变形较小且具有明显的线性特征,因此,采用线性接触模型进行数值模拟,需要确定的细观参数有:法向刚度 k_n、切向刚度 k_s、颗粒摩擦系数 f_u、颗粒密度 ρ 和阻尼系数 α。采用试算法确定模型参数,数值模拟过程中取用的细观参数如表 7.3 所示。

表 7.3　PFC2D 颗粒流数值模拟参数

$k_n/(N/m)$	k_n/k_s	f_u	α	$\rho_s/(g/cm^3)$
$1.0×10^{11}$	2.0	0.8	0.8	2.19

7.3.2　数值模型的验证与分析

为了验证本节所建立的离散元数值沉桩模型的准确性和可靠性,将本节等截面桩沉桩数值模拟所得的结果归一化后,与 Ni 等[131]和曹兆虎等[127]开展的基于透明土材料模型试验结果、周航等[129]开展的圆孔扩张理论计算结果进行对比分析。本节数值模拟所得等截面桩结果与模型试验及圆孔扩张理论计算方法所得结果比较如图 7.7 所示。

径向坐标和纵向坐标均通过平均直径归一化,由图 7.7 可知,等截面桩沉桩过程数值模拟计算结果与 Ni 等[131]模型试验结果相接近,与圆孔扩张理论计算结果[129]规律基本一致,与文献[127]模型试验结果的最大影响距离(6 倍平均桩径)基本一致。因此,整体而言,本节离散元数值计算值与其他方法所得结果大体符合,规律基本一致,从而验证了本节所建立的数值模型的准确性和可靠性。

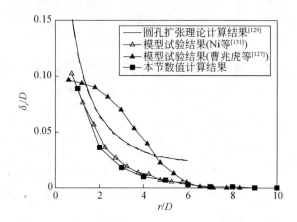

图 7.7　径向位移与距桩轴线距离关系曲线对比图

　　等截面桩和扩底楔形桩的径向位移随距离（距桩轴线）变化的关系曲线对比如图 7.8 所示。可以看出，同等情况下，等截面桩和扩底楔形桩的径向位移关系规律基本一致；相比较而言，靠近桩侧位置等截面桩的径向位移值较扩底楔形桩的略大一些。

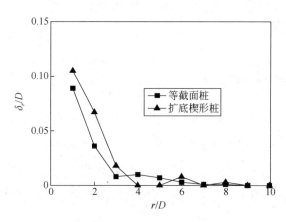

图 7.8　径向位移与距桩轴线距离关系曲线对比图

　　等截面桩和扩底楔形桩的径向位移沿桩深方向分布规律如图 7.9 所示。可以看出，在桩身上部附近，扩底楔形桩的径向位移与等截面桩的径向位移值相差不大，在桩身下部附近，扩底楔形桩的径向位移比等截面桩的径向位移值要大，且随着与桩轴线的距离的增大，两者的差异逐渐减小。

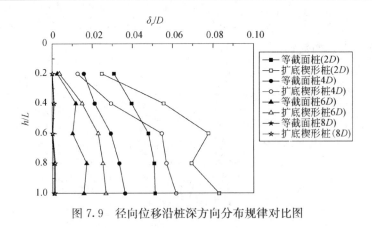

图 7.9　径向位移沿桩深方向分布规律对比图

7.3.3　数值模拟结果与分析

1. 桩周土体位移场

当等截面桩和扩底楔形桩沉桩至 0.4 倍桩长时,等截面桩和扩底楔形桩桩周土体径向位移场和竖向位移场如图 7.10 所示。可以看出,相同沉桩深度情况下,扩底楔形桩的径向位移场和竖向位移场分布规律与等截面桩的径向位移场和竖向位移场分布规律相类似,且扩底楔形桩的(径向和竖向)位移场数值比等截面桩的相应位移场数值要大。沉桩过程中,沉桩对径向位移场的扰动影响范围相对比竖向位移场的扰动影响范围要大一些。

沉桩过程中,不同沉桩深度时桩周土体径向或竖向位移场关系曲线分别如图 7.11 和图 7.12 所示。可以看出,各个沉桩深度情况,扩底楔形桩的桩周土体径向或竖向位移场的分布规律,均分别与等截面桩的径向或竖向位移场分布规律基本一致,只是数值相对更大一些。由此可以说明,两种类似桩在沉桩过程中所表现出的特征类似。

2. 桩周土体应力场

当等截面桩和扩底楔形桩沉桩至 0.4 倍桩长时,等截面桩和扩底楔形桩桩周土体径向应力场和竖向应力场如图 7.13 所示。可以看出,相同沉桩深度情况下,扩底楔形桩的径向应力场和竖向应力场分布规律与等截面桩的径向应力场和竖向应力场类似,且数值相对更大。沉桩过程中,沉桩对径向应力场数值相对比竖向应力场数值要大一些。

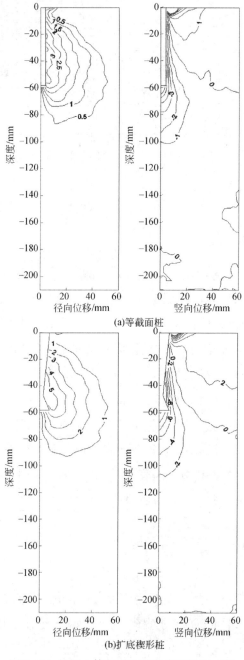

图 7.10　桩周土体径向和竖向位移场(0.4L)

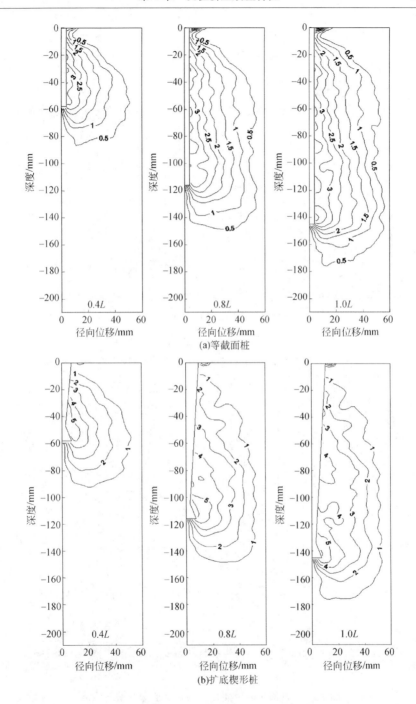

图 7.11　桩周土体径向位移场与沉桩深度关系曲线

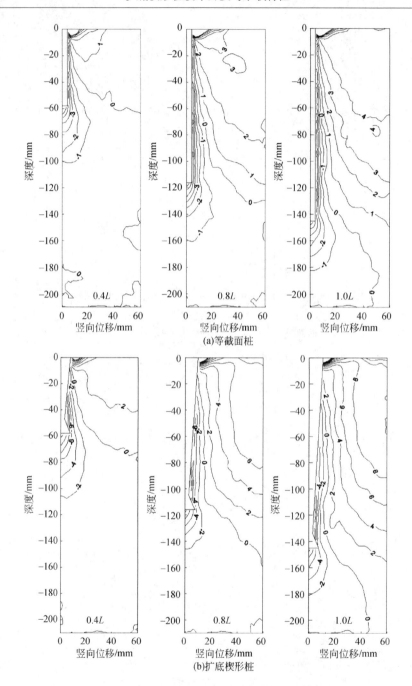

图 7.12　桩周土体竖向位移场与沉桩深度关系曲线

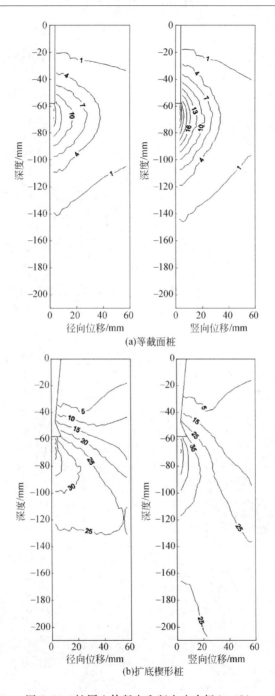

图 7.13 桩周土体径向和竖向应力场(0.4L)

　　不同沉桩深度情况下，沉桩过程中桩周土体径向或竖向应力场与沉桩深度的关系曲线分别如图 7.14 和图 7.15 所示。可以看出，不同沉桩深度下扩底

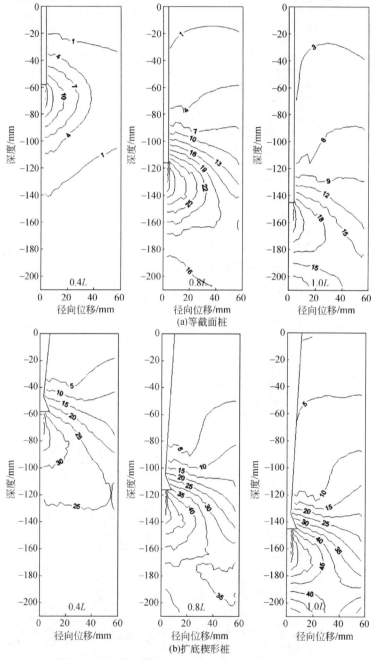

(a)等截面桩

(b)扩底楔形桩

图 7.14　桩周土体径向应力场与沉桩深度关系曲线

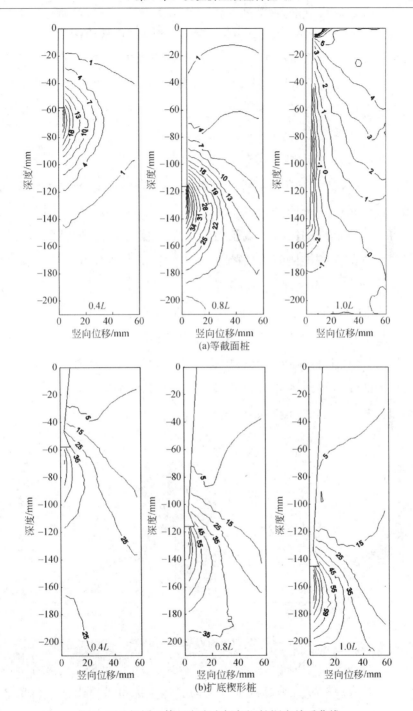

图 7.15　桩周土体竖向应力场与沉桩深度关系曲线

楔形桩的桩周土体径向应力场或者竖向应力场的分布规律均与等截面桩的径向或竖向应力场分布规律基本一致,且数值相对更大一些。由此可以说明,两种类似桩在沉桩过程中所表现出的特征类似。

3. 沉桩阻力

归一化的等截面桩和扩底楔形桩沉桩阻力(总阻力、桩端阻力和桩侧摩阻力)与沉桩深度关系曲线如图 7.16 所示。可以看出,扩底楔形桩的沉桩总阻力比等截面桩的沉桩阻力值要大,近似比例为 1.5 倍;扩底楔形桩的沉桩桩端阻力是等截面桩的沉桩桩端阻力值的 1.8 倍;扩底楔形桩的沉桩桩侧阻力是等截面桩的沉桩桩侧阻力值的 1.1 倍。本节数值模型下,等截面桩的桩端阻力值与桩侧摩阻力值近似相等,即桩侧摩阻力近似占总沉桩阻力的50%;扩底楔形桩的桩侧摩阻力值近似为桩端阻力值的 0.6 倍,即桩侧摩阻力近似占总沉桩阻力的37%;扩底楔形桩的桩端横截面积是等截面桩的桩端横截面积的 3.6 倍,但是沉桩过程中扩底楔形桩的桩端阻力近似为等截面桩的沉桩阻力的 1.8 倍。由此可表明,沉桩过程中桩端阻力的大小,不仅与横截面面积有关,而且与桩侧界面形式有关。

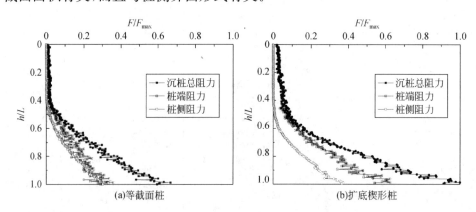

图 7.16　归一化沉桩阻力与沉桩深度关系曲线

由图 7.17 可知,当沉桩深度在 0.4 倍桩长以上时,沉桩阻力较小。这主要是土层上部土体自重应力相对较少且上部界面土体可以自由活动等因素造成的。沉桩过程中,扩底楔形桩的径向阻力值比等截面桩的径向阻力要大一些。

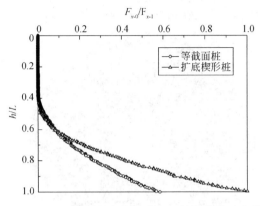

图 7.17　归一化沉桩径向阻力与沉桩深度关系曲线

7.4　理论分析计算

根据扩底楔形桩先预制楔形管桩沉桩、再桩端挖孔夯扩或注浆形成扩大头的施工工艺,建立理论计算模型。本节针对桩端注浆形成扩大头的施工工艺建立理论计算模型。基于圆柱孔扩张理论,建立楔形桩沉桩过程的理论分析方法。在沉桩完成后的土体扰动场(包括位移场和应力场)基础上,基于球孔扩张理论,建立扩大头注浆施工过程的理论分析方法。构成一个整体的扩底楔形桩施工过程理论计算方法。

7.4.1　理论模型建立

1. 基本假定

沉桩施工之前,桩周土体的初始应力假定为 σ_0。如图 7.18(a)所示,楔形桩沉桩过程力学模型假定初始圆孔半径为 R_0、扩张后半径为 R_1、扩张内力为 P 的圆柱形孔。如图 7.18(b)所示,扩大头注浆施工过程力学模型假定初始半径为 0、扩张后半径为 R_u、扩张内力为 P 的球形孔。施工过程中,桩周土体受挤压,其变形逐渐由弹性阶段进入塑性阶段,且塑性阶段从靠近孔区逐渐向外发散。假设弹性阶段土体满足胡克定律、塑性阶段土体满足莫尔-库仑弹塑性模型,塑性区半径为 R_p,塑性区外边界处的径向位移为 u_d。

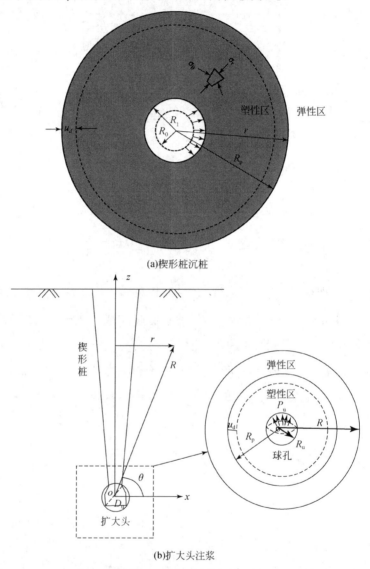

(a)楔形桩沉桩

(b)扩大头注浆

图 7.18　扩底楔形桩施工过程理论模型示意图

2. 楔形桩沉桩过程模型建立

1)弹性分析

平衡方程:

$$\frac{\partial \sigma_r}{\partial r} + \frac{\sigma_r - \sigma_\theta}{r} = 0 \tag{7.1}$$

式中，σ_r 为土体的径向应力；σ_θ 为土体的切向应力；r 为半径。

小变形几何方程：

$$\varepsilon_r = \frac{\partial u_r}{\partial r} \tag{7.2}$$

$$\varepsilon_\theta = \frac{u_r}{r} \tag{7.3}$$

式中，u_r 和 u_θ 分别为土体的径向位移和切向位移；ε_r 和 ε_θ 分别为土体的径向应变和切向应变。

土体弹性阶段，服从胡克定律：

$$\varepsilon_r = \frac{1 - \upsilon^2}{E} \left(\sigma_r - \frac{\upsilon}{1 - \upsilon} \sigma_\theta \right) \tag{7.4}$$

$$\varepsilon_\theta = \frac{1 - \upsilon^2}{E} \left(\sigma_\theta - \frac{\upsilon}{1 - \upsilon} \sigma_r \right) \tag{7.5}$$

式中，υ 为土体的泊松比；E 为土体的弹性模量。

根据弹性理论，结合式（7.1）～式（7.5）可得弹性状态下土体应力和位移解：

$$\sigma_r^c = \sigma_0 + (P - \sigma_0) \left(\frac{R_1}{r} \right)^2 \tag{7.6}$$

$$\sigma_\theta^c = \sigma_0 - (P - \sigma_0) \left(\frac{R_1}{r} \right)^2 \tag{7.7}$$

$$u_r^c = \frac{(P - \sigma_0)}{2G} \left(\frac{R_1}{r} \right)^2 r \tag{7.8}$$

式中，G 为土体的剪切模量；P 为孔内均匀压力；σ_0 为土体初始应力；σ_r^c 为弹性状态下的径向应力；σ_θ^c 为弹性状态下的切向应力；u_r^c 为弹性状态下的径向位移。

根据式（7.6）～式（7.8），可以建立弹性状态下圆孔内压与半径的关系式：

$$P = \sigma_0 + 2G \left(1 - \frac{R_0}{R_1} \right) \tag{7.9}$$

结合桩身几何形式可知，弹性状态下，桩身任意深度处孔压与半径的关系式为

$$P_h = \sigma_0 + 2G\left[1 - \frac{R_0}{R_1 - \dfrac{R_1 - R_0}{L}h}\right] \tag{7.10}$$

式中,P_h 为与桩深 h 相关的桩孔内压;L 为楔形桩身段长度。

2)弹塑性分析

(1)塑性区半径与桩孔内压。

当土体材料进入塑性状态时,假定其应力-应变关系满足莫尔-库仑弹塑性模型:

$$\sigma_\theta = \sigma_r \frac{1 - \sin\varphi}{1 + \sin\varphi} - 2c\frac{\cos\varphi}{1 + \sin\varphi} \tag{7.11}$$

式中,c 和 φ 分别为土体黏聚力和内摩擦角。

土体达到塑性状态,仍然满足式(7.1),将式(7.11)代入式(7.1),并且结合圆柱孔边界条件(当 $r = R_1$ 时,$\sigma_r = P$),可以得到塑性区应力表达式:

$$\sigma_r^p = (P + c\cos\varphi)\left(\frac{R_1}{r}\right)^{\frac{2\sin\varphi}{1+\sin\varphi}} - c\cot\varphi \tag{7.12}$$

$$\sigma_\theta^p = \left[(P + c\cos\varphi)\left(\frac{R_1}{r}\right)^{\frac{2\sin\varphi}{1+\sin\varphi}} - c\cot\varphi\right]\frac{1 - \sin\varphi}{1 + \sin\varphi} - 2c\frac{\cos\varphi}{1 + \sin\varphi} \tag{7.13}$$

式中,σ_r^p 和 σ_θ^p 分别为塑性区径向应力和切向应力。

圆孔扩张过程中,圆孔体积的变化可以分为弹性区和塑性区体积变化两部分,可以表达为

$$\pi(R_1^2 - R_0^2) = \pi r_p^2 - \pi(r_p - u_d)^2 + \pi(r_p^2 - R_1^2)\Delta \tag{7.14}$$

展开式(7.14),并且忽略 u_d^2 项,有

$$R_1^2 - R_0^2 = 2r_p u_d + (r_p^2 - R_1^2)\Delta \tag{7.15}$$

式中,Δ 为塑性区平均应变,参照文献[132]本节取 0.015。

弹性与塑性转化处的位移可表达为

$$u_d = \frac{1 + v}{E}r_p \sigma_{rd} \tag{7.16}$$

式中,σ_{rd} 为弹性与塑性转化处的径向应力。

由式(7.6)和式(7.7)可知弹性与塑性转化处有

$$\sigma_{rd} + \sigma_{\theta d} = 2\sigma_0 \tag{7.17}$$

式中，$\sigma_{\theta d}$ 为弹性与塑性转化处的切向应力。

将式(7.17)代入莫尔-库仑屈服准则式(7.11)，可得

$$\sigma_{rd} = \sigma_0(1 + \sin\varphi) + c\cos\varphi \tag{7.18}$$

结合式(7.15)、式(7.16)和式(7.18)可得，塑性区半径的表达式为

$$r_p = \sqrt{\dfrac{R_1^2(1+\Delta) - R_0^2}{\dfrac{\sigma_0(1+\sin\varphi) + c\cos\varphi}{G} + \Delta}} \tag{7.19}$$

将式(7.19)代入式(7.12)，可得圆孔内压的表达式为

$$P = [\sigma_0(1+\sin\varphi) + c(\cos\varphi + \cot\varphi)]\left[\dfrac{(1+\Delta) - \dfrac{R_0^2}{R_1^2}}{\dfrac{\sigma_0(1+\sin\varphi) + c\cos\varphi}{G} + \Delta}\right]^{\frac{\sin\varphi}{1+\sin\varphi}} - c\cos\varphi \tag{7.20}$$

结合式(7.19)和式(7.20)可以得到沉桩完成后，任意深度处桩身塑性半径、桩孔内压的表达式：

$$r_{ph} = \sqrt{\dfrac{\left(R_1 - \dfrac{R_1 - R_0}{L}h\right)^2(1+\Delta) - R_0^2}{\dfrac{k\gamma h(1+\sin\varphi) + c\cos\varphi}{G} + \Delta}} \tag{7.21}$$

$$P_h = [k\gamma h(1+\sin\varphi) + c(\cos\varphi + \cot\varphi)]\left[\dfrac{(1+\Delta) - \dfrac{R_0^2}{\left(R_1 - \dfrac{R_1 - R_0}{L}h\right)^2}}{\dfrac{k\gamma h(1+\sin\varphi) + c\cos\varphi}{G} + \Delta}\right]^{\frac{\sin\varphi}{1+\sin\varphi}} - c\cos\varphi \tag{7.22}$$

式中，γ 为土体的容重；k 为侧向土压力系数。

（2）弹性区应力重分布后的应力、位移表达式。

当桩周土体相继进入塑性阶段后，弹性区的应力不能用式(7.6)和式(7.7)来表达，需要在式(7.6)和式(7.7)中增加一个应力调整系数 λ，具体表达式为

$$\sigma_{r1}^e = \sigma_0 + \dfrac{\lambda}{r^2} \tag{7.23}$$

$$\sigma_{\theta 1}^{e} = \sigma_0 - \frac{\lambda}{r^2} \tag{7.24}$$

式中，σ_{r1}^{e} 和 $\sigma_{\theta 1}^{e}$ 分别为弹性区考虑应力重分布后的径向和切向应力。

考虑边界转化处应力应变的连续性，根据式(7.18)和式(7.23)可得

$$\lambda = (\sigma_0 \sin\varphi + c\cos\varphi) r_p^2 \tag{7.25}$$

结合式(7.19)，式(7.23)和式(7.24)可以重新表达为

$$\sigma_{r1}^{e} = \sigma_0 + \frac{1}{r^2} (\sigma_0 \sin\varphi + c\cos\varphi) \frac{R_1^2(1+\Delta) - R_0^2}{\dfrac{\sigma_0(1+\sin\varphi) + c\cos\varphi}{G} + \Delta} \tag{7.26}$$

$$\sigma_{\theta 1}^{e} = \sigma_0 - \frac{1}{r^2} (\sigma_0 \sin\varphi + c\cos\varphi) \frac{R_1^2(1+\Delta) - R_0^2}{\dfrac{\sigma_0(1+\sin\varphi) + c\cos\varphi}{G} + \Delta} \tag{7.27}$$

弹性区的位移表达式调整为

$$u_{r1}^{e} = \frac{1+\upsilon}{E} r\sigma_{r1}^{e} = \frac{1+\upsilon}{E} r \left[\sigma_0 + \frac{1}{r^2}(\sigma_0\sin\varphi + c\cos\varphi) \frac{R_1^2(1+\Delta) - R_0^2}{\dfrac{\sigma_0(1+\sin\varphi) + c\cos\varphi}{G} + \Delta} \right] \tag{7.28}$$

结合楔形桩截面形式可以得到，弹性区任意深度处桩身的位移表达式：

$$u_{r1h}^{e} = \frac{1+\upsilon}{E} r\sigma_{r1}^{e} = \frac{1+\upsilon}{E} r \left[k\gamma h + \frac{1}{r^2}(\gamma h\sin\varphi + c\cos\varphi) \frac{\left(R_1 - \dfrac{R_1 - R_0}{L}h \right)^2 (1+\Delta) - R_0^2}{\dfrac{\gamma h(1+\sin\varphi) + c\cos\varphi}{G} + \Delta} \right]$$
$$\tag{7.29}$$

(3)沉桩阻力计算式。

基于打桩过程中竖向力的平衡，建立估算沉桩阻力表达式：

$$Q = \int_0^{h_0} 2\pi r_h \tau_h dh + q_b A_b \tag{7.30}$$

式中，Q 为沉桩阻力；r_h 为与深度 h 相关的桩身半径；h_0 为沉桩深度；τ_h 为与深度 h 相关的桩身竖向剪应力；q_b 为桩端极限端阻力(查表可获得)；A_b 为与深度 h 相关的桩端截面积。

桩身竖向剪应力 τ_h 可表达为

$$\tau_h = \sigma_h \tan(\varphi_i - \theta) + \frac{c_i \sec\theta}{(1 + \tan\theta\tan\varphi_i)} \tag{7.31}$$

式中，σ_h 为桩孔径向压力（P_h）；θ 为楔形角；c_i 和 φ_i 分别为桩土接触面体黏聚力和内摩擦角。

3. 扩大头注浆过程模型建立

建立平衡方程：

$$\frac{\partial \sigma_R}{\partial R} + 2\frac{\sigma_R - \sigma_\vartheta}{R} = 0 \tag{7.32}$$

式中，σ_R 和 σ_ϑ 分别为土体的径向和切向应力；R 为半径。

小变形几何方程：

$$\varepsilon_R = \frac{\partial u_R}{\partial R} \tag{7.33}$$

$$\varepsilon_\vartheta = \frac{u_R}{R} \tag{7.34}$$

式中，u_R 和 u_ϑ 分别为土体的径向和切向位移；ε_R 和 ε_ϑ 分别为土体的径向和切向应变。

土体在弹性阶段，服从胡克定律：

$$\varepsilon_R = \frac{1-\upsilon^2}{E}\left(\sigma_R - \frac{\upsilon}{1-\upsilon}\sigma_\vartheta\right) \tag{7.35}$$

$$\varepsilon_\vartheta = \frac{1-\upsilon^2}{E}\left(\sigma_\vartheta - \frac{\upsilon}{1-\upsilon}\sigma_R\right) \tag{7.36}$$

式中，υ 和 E 分别为土体的泊松比和弹性模量。

考虑弹性与塑性转化处的边界条件，结合式（7.32）～式（7.36），可得到土体弹性阶段的应力和位移表达式：

$$\sigma_R^e = \sigma_p\left(\frac{R_p}{R}\right)^3 \tag{7.37}$$

$$\sigma_\vartheta^e = -\frac{1}{2}\sigma_p\left(\frac{R_p}{R}\right)^3 \tag{7.38}$$

$$u_R^e = \frac{\sigma_p}{4G}\left(\frac{R_p}{R}\right)^3 r \tag{7.39}$$

式中，σ_p 为弹塑性交界处的径向应力；σ_R^e、σ_ϑ^e 和 u_R^e 分别为弹性区径向应力、切向

应力和径向位移；R_p 为塑性区半径。

　　土体进入塑性阶段后，土体仍然满足平衡方程式（7.32），并服从莫尔-库仑准则：

$$\sigma_\vartheta = \sigma_R \frac{1-\sin\varphi}{1+\sin\varphi} - 2c\frac{\cos\varphi}{1+\sin\varphi} \tag{7.40}$$

　　结合式（7.32）、式（7.40）和边界条件（当 $R=R_u$ 时，$\sigma_R=P_u$），可以得到塑性区应力表达式为

$$\sigma_R^p = (P_u + c\cot\varphi)\left(\frac{R_u}{R}\right)^{\frac{4\sin\varphi}{1+\sin\varphi}} - c\cot\varphi \tag{7.41}$$

$$\sigma_\vartheta^p = \left[(P_u + c\cot\varphi)\left(\frac{R_u}{R}\right)^{\frac{4\sin\varphi}{1+\sin\varphi}} - c\cot\varphi\right]\frac{1-\sin\varphi}{1+\sin\varphi} - 2c\frac{\cos\varphi}{1+\sin\varphi} \tag{7.42}$$

式中，P_u 为球孔的极限压力；R_u 为球孔扩张完毕后的半径；σ_R^p、σ_ϑ^p 分别为塑性区径向和切向应力。

　　弹性与塑性转化处的应力，也同时满足式（7.37）和式（7.38），结合式（7.41）和式（7.42）可得

$$\sigma_p = \frac{4c\cos\varphi}{3-\sin\varphi} \tag{7.43}$$

$$P_u = \left(\frac{4c\cos\varphi}{3-\sin\varphi} + c\cot\varphi\right)\left(\frac{R_p}{R_u}\right)^{\frac{4\sin\varphi}{1+\sin\varphi}} - c\cot\varphi \tag{7.44}$$

　　球孔体积的变化由弹性区和塑性区两个体积变化组成，可以表达为

$$\pi R_u^3 = \pi R_p^3 - \pi(R_p - u_d)^3 + \pi(R_p^3 - R_u^3)\Delta \tag{7.45}$$

式中，Δ 为塑性区平均塑性应变，本章取 0.015；u_d 为弹塑性交界处径向位移。

　　略去高阶项，有

$$R_u^3(1+\Delta) = 3u_d R_p^2 + R_p^3 \Delta \tag{7.46}$$

　　弹塑性交界处径向位移 u_d 可以写成：

$$u_d = \frac{\sigma_p}{4G}R_p \tag{7.47}$$

　　将式（7.47）代入式（7.46），可得塑性半径 R_p 的表达式：

$$R_p = R_u \sqrt[3]{\frac{1+\Delta}{\frac{3\sigma_p}{4G} + \Delta}} \tag{7.48}$$

将式(7.48)代入式(7.41),可得球孔极限压力表达式:

$$P_u = \left(\frac{4c\cos\varphi}{3-\sin\varphi}+c\cot\varphi\right)\left(\frac{1+\Delta}{\dfrac{3\sigma_p}{4G}+\Delta}\right)^{\frac{4\sin\varphi}{3(1+\sin\varphi)}} - c\cot\varphi \tag{7.49}$$

根据式(7.37)~式(7.39),可以求得扩大头施工完毕后扩大头周围弹性区土体的应力和位移,由式(7.41)和式(7.42)可以求得塑性区的应力。由式(7.48)可以计算塑性半径,由式(7.49)可以计算最大注浆压力。

如图 7.19 所示,楔形桩沉桩和扩大头注浆两个工艺组合叠加形成四块区域的应力场。区域1:桩端扩大头附近的塑性区域;区域 2:桩身周围的塑性区域;区域 3:离桩体较远的弹性区;区域 4:桩身附近塑性区外,扩大头塑性区内;组合形成扩底楔形桩沉桩施工完毕后桩周土体应力场的整体表达式,选取柱坐标系的原点位于扩大头中心,以方便两个坐标系之间的换算和统一。

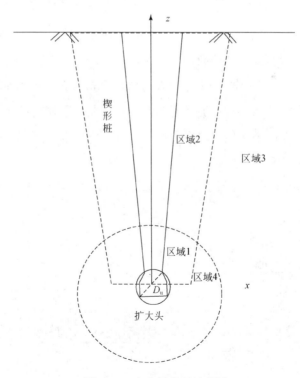

图 7.19　应力场分布示意图

7.4.2 理论模型的验证与分析

与张可能等[71]开展的常规楔形桩沉桩模型试验结果进行对比分析,理论计算所选用的桩体参数(桩顶直径为 7.1cm,桩端直径为 5cm,桩长为 120cm)与模型试验一致。桩周土体的性质指标如表 7.4 所示。

表 7.4　模型试验土体物理力学参数

E_s/MPa	w/%	γ/(N/m³)	I_p	I_L	c/kPa	φ/(°)
3.4	35	18.04	21.7	0.42	9.43	8.22

注:γ 为重度;E_s 为压缩模量;w 为含水量;I_p 为塑性指数;I_L 为液限指数;c 为黏聚力;φ 为内摩擦角。

沉桩过程中地表径向位移的变化规律如图 7.20 所示,图中展示了沉桩深度为 0.2m 和 0.6m 以及具体桩轴线不同距离处的地表径向位移情况。由图 7.20 可知,不管是沉桩深度为 0.2m 还是 0.6m,理论计算所得地表径向位移值与模型试验实测值的规律基本一致,仅仅在距离桩轴线较近的区域(距离桩轴线<17cm),理论计算结果与试验实测结果存在一定的差异,这可能是由于强塑性区扰动过大,不宜用常规理论表达式来计算造成的。而实际工程应用中,沉桩施工挤土效应关注的往往是弹性区范围,且本书所建立的理论计算方法恰恰能够很好地预算这个区域的变化规律。由此说明,本书所建立的理论公式的准确性和可靠性。

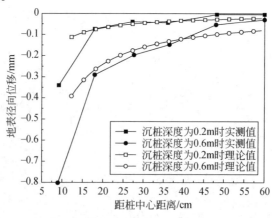

图 7.20　地表径向位移曲线

7.4.3　理论计算结果与分析

假定桩-土接触面摩擦角 φ_i 和黏聚力 c_i 取 0.8 倍的土体内摩擦角和黏聚力，然后进行参数分析。

1. 沉桩深度的影响规律

土体参数：$E_s=5\text{MPa}, v=0.3, c=5\text{kPa}, \varphi=20°$；桩参数：$D_t=1.6\text{m}, D_b=0.8\text{m}, L=20\text{m}$。

沉桩总阻力、桩侧阻力和桩端阻力与沉桩深度的关系如图 7.21 所示。可以看出，沉桩总阻力、桩侧阻力和桩端阻力阻力随着沉桩深度的增加而增大。当沉桩深度达到 12m 时，桩侧阻力与桩端阻力均占总阻力的 50%；当大于 12m 时，桩侧阻力大于桩端阻力。沉桩完成时，桩侧阻力与桩端阻力分别约占 30% 和 70%。

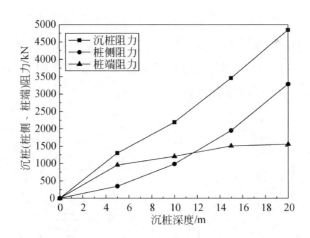

图 7.21　沉桩(桩侧、桩端)阻力与沉桩深度的关系

地表径向位移与沉桩深度的关系曲线如图 7.22 所示。可以看出，径向位移随着距桩心距离的增大而减小，随沉桩深度的增大而增大；在距桩心距离约为 5m 的地方，径向位移近似为 0。

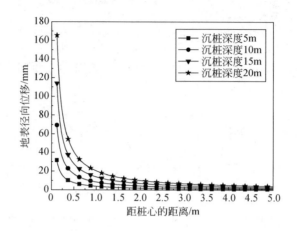

图 7.22　地表径向位移与沉桩深度的关系

2. 楔形角对沉桩阻力、土体径向位移的影响

土体参数及桩长保持不变,沉桩深度 $h_0 = 20m$ 时,沉桩总阻力、桩侧阻力和桩端阻力与桩楔角的关系如图 7.23 所示。可以看出,沉桩总阻力和桩端阻力随着楔形角的增大而减小,而桩侧阻力与楔形角影响不明显;沉桩阻力随着楔形角的降低率约为 $0.8kN/°$。地表径向位移与桩楔角的关系曲线如图 7.24 所示,土体径向位移随着楔形角的增大而增大。

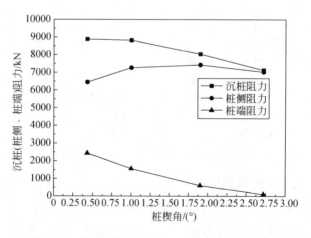

图 7.23　沉桩(桩侧、桩端)阻力与桩楔角的关系

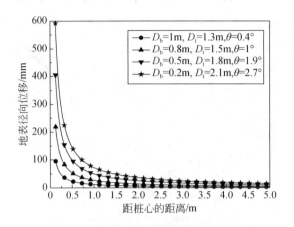

图 7.24 地表径向位移与桩楔角的关系

3. 扩大头直径对桩周土体应力场分布的影响

土体参数及桩长保持不变,沉桩深度 $h_0 = 20$m 时,桩端扩大头附近的径向应力和切向应力增量随着扩大头直径的增加而增大;随着距离桩端位置的增加,扩大头直径对径向应力和切向应力增量的影响逐渐减弱,具体如图 7.25 和图 7.26 所示。桩周土体竖向应力增量 σ_z 随着扩大头直径的增加而增大,当不考虑自重应力的情况时,竖向应力增量 σ_z 与扩大头半径近似成 3 次方的关系。

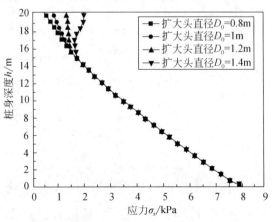

图 7.25 离桩身 5m 处应力 σ_r 分布图

比较图7.25～图7.27可以看出,径向应力σ_r和切向应力σ_θ增量近似为竖向应力增量σ_z的8倍。换言之,竖向应力可以近似忽略。

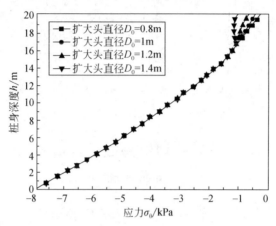

图7.26 离桩身5m处应力σ_θ分布图

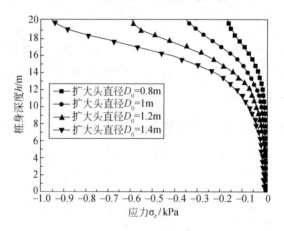

图7.27 离桩身5m处应力σ_z分布图

7.5 本章小结

本章对等截面桩和扩底楔形桩沉桩挤土效应进行了透明土模型试验,分析了沉桩过程中的桩周土体位移场。基于PFC数值分析方法,分析了沉桩过程中的桩周土体应力场和沉桩阻力。最后,基于圆孔扩张理论建立扩底楔形桩施工中楔形桩静压沉桩挤土效应的理论计算方法,考虑楔形桩沉桩后土体扰动影响,基于球孔扩张理论建立扩大头注浆挤土效应的理论计算方法,可以得到以下几点结论:

(1)试验研究表明,沉桩过程中,扩底楔形桩桩身附近的径向位移和竖向位移约为等截面桩的 2 倍;在表层处,扩底楔形桩径向位移的影响范围是等截面桩的 1.2 倍左右。

(2)沉桩过程中桩端阻力值的大小,不仅与横截面面积有关,而且与桩侧界面形式有关。本章数值模型条件下,扩底楔形桩静压沉桩施工桩端阻力、桩侧摩阻力和整体沉桩阻力分别是等截面桩的 1.0 倍、1.82 倍和 1.37 倍。扩底楔形桩的径向阻力值比等截面桩的径向阻力值要大,数值近似为 1.7 倍。

(3)扩底楔形桩在施工过程中,楔形桩沉降影响范围约为 10 倍平均桩径,扩大头施工影响范围为 4~5 倍扩大头直径。楔形桩身施工引起的桩周土体应力、位移的变化要远远大于扩大头施工所引起的土体应力和位移的变化量;竖向应力与位移的增量也明显比径向和切向应力与位移的增量要小,近似可以忽略不计。

(4)本章所建立的理论计算方法能够较好地模拟楔形桩沉桩过程和桩端扩大头施工所造成的桩周土体的挤土应力。

第8章 结论与展望

8.1 结 论

本书采用了大比尺模型试验、小比尺透明土模型试验、数值模拟以及理论分析等相结合的方法,对竖向荷载、水平向荷载和地面堆载情况下扩底楔形桩的承载特性等进行了系统研究,揭示扩底楔形桩受力特性及桩-土相互作用机理。探讨了扩底楔形桩施工中楔形桩静压挤土沉桩、桩端扩大头夯扩或注浆施工过程对桩周土体应力场与位移场的影响规律。主要结论如下:

(1)本书试验条件下,等混凝土用量条件下扩底楔形桩的单桩竖向抗压承载力约为等截面桩的1.88倍,扩底楔形桩桩身轴力沿桩深方向的分布规律具有楔形桩和扩底桩的特点。本书所建立的理论公式可以简单、有效地计算出扩底楔形桩的竖向抗压承载力,且可以推广应用于常规扩底桩。同等情况下,扩大头直径比楔形角对基桩竖向抗压承载力的影响更明显。综合考虑技术性和经济性因素,扩底楔形桩的扩大头直径,宜选择为上部楔形桩身段平均直径的2~4倍。

(2)本书试验条件下,等混凝土用量扩底桩的竖向极限抗拔承载力近似为扩底楔形桩的2倍,说明倒楔形角的存在,对扩底楔形桩竖向抗拔承载力的削弱作用是比较明显的。扩底楔形桩的拔桩扰动范围明显比等截面桩大,其数值近似为等截面桩的2.0倍。拔桩过程中,扩底楔形桩的桩周土体位移场与等截面桩的规律相差较大,且在扩大头与楔形桩身段衔接处,土体存在一个扰动较大的类似漩涡型的位移场。本书所建立的理论公式可以简单、有效地计算出扩底楔形桩的极限抗拔承载力,且可以推广应用于常规扩底桩。

(3)本书试验条件下,扩底楔形桩的水平极限荷载近似是等截面桩的1.48

倍。小比尺透明土模型试验下,等截面桩和扩底楔形桩均表现为刚性转动破坏,等截面桩极限荷载下,扩底楔形桩和等截面桩的刚性转动点近似在桩体埋深的 61.5% 处,扩底楔形桩极限荷载下,扩底楔形桩的刚性转动点近似在桩体埋深的 78% 处,随着荷载等级的增加而略向下移动。本书所建立的理论模型考虑到土体的弹塑性变形,建立了扩底楔形桩的 p-y 曲线,能简单、有效地计算水平荷载作用下扩底楔形桩承载特性。同时,可以推广应用于其他纵截面异形桩的水平向承载力的计算,拓宽了 p-y 曲线法的应用范围,与弹性理论法相比,有一定的改进和提高。

(4)相同地面堆载等级下,扩底楔形桩桩顶下拽位移值较等截面桩的小。数模分析结果表明,扩底楔形桩对降低桩顶下拽位移比降低桩身下拽力更有效,小角度楔形角(0.4°～1.0°)条件下,可以降低 16%～20% 桩顶下拽位移量。本书小比尺透明土试验条件下,等截面桩的中性点位置为 0.6～0.7H,扩底楔形桩的中性点位置为 0.9～1.0H,基本满足规范要求。本书所建立的理论计算方法可以准确、有效地计算其桩身下拽力和桩顶下拽位移,且适用于常规扩底桩、楔形桩以及等截面桩。相关结果表明扩底楔形桩是降低桩顶下拽位移的有效方法之一。

(5)本书小比尺透明土试验条件下,楔形桩的沉桩效应(桩周土体径向或竖向位移场或应力场)分布规律均与等截面桩的分布规律类似,扩底楔形桩桩身附近的径向位移和竖向位移约为楔形桩的 2 倍,扩底楔形桩表层处径向位移的影响范围是楔形桩的 1.2 倍。本书数值模型条件下,扩底楔形桩静压沉桩施工桩端阻力、桩侧摩阻力和整体沉桩阻力分别是等截面桩的 1.0 倍、1.82 倍和 1.37 倍;扩底楔形桩的径向阻力值比等截面桩的径向阻力值要大,且其数值近似为 1.7 倍;楔形桩沉桩施工对周围土体的影响(包括位移、应力等),明显大于扩大头施工所引起的对周围土体的扰动。因此,扩底楔形桩施工过程中楔形桩身段沉桩挤土效应占主导因素。

8.2 展　　望

尽管本书针对扩底楔形桩的单桩竖向抗压与抗拔承载特性、水平向承载特性以及负摩阻力特性进行了系统研究,并研究了扩底楔形桩施工过程及其对桩周土体位移场与应力场影响及沉桩阻力和沉桩对桩基承载力的影响。但是,限于时间和能力等因素,扩底楔形桩的承载特性仍有待后续进一步深入探讨和研究,主要集中在以下几个方面:

(1)尽管本书针对扩底楔形桩的桩-土相互作用机理进行了系统分析,但是该新型桩的实际工作机理与承载特性,有待于现场试验和实际工程应用来检验。开展扩底楔形桩承载特性现场试验与应用研究,是笔者后续工作的重点。

(2)本书仅研究了单一荷载形式作用下的扩底楔形桩的承载性能,而实际工程应用中,桩基础往往受到各种组合荷载形式作用。因此,后续有必要开展组合荷载形式(如倾斜向荷载、荷载与弯矩组合荷载等)下的桩基承载性能研究。

(3)本书仅研究了扩底楔形桩单桩承载特性,而实际工程应用中,桩基础往往是以群桩的形式存在和承担外部荷载。因此,后续有必要开展不同荷载形式作用下扩底楔形桩群桩承载特性研究。

参 考 文 献

[1]沈保汉. 桩基与深基坑支护技术进展:沈保汉地基基础论文论著选集[M]. 北京:知识产权出版社,2006.

[2]史佩栋. 桩基工程手册[M]. 北京:人民交通出版社,2008.

[3] Fellenius B H. Basics of foundation design[M]. Richmond, BiTeech Publishers, 1999.

[4]杨敏,曹方成,张齐兴. 介绍几种异形截面桩[J]. 水利水电科技进展,2003,23(1):58-60.

[5] Ramaswamy S D, Pertusier E M. Construction of barrettes for high-rise foundations[J]. Journal of Construction Engineering and Management, ASCE, 1986, 112 (4):455-462.

[6] Ng C W W, Lei G H. Performance of long rectangular barrettes in granitic saprolites[J]. Journal of Geotechnical and Geoenvironmental Engineering, ASCE, 2003, 129(8):685-696.

[7]雷国辉,洪鑫,施建勇. 壁板桩的研究现状回顾[J]. 土木工程学报,2005,38(4):103-110.

[8]雷国辉,洪鑫,施建勇. 矩形壁板桩群桩竖直承载特性的理论分析[J]. 岩土力学,2005,26(4):525-530.

[9]雷国辉,詹金林,洪鑫. 壁板桩群桩竖直荷载沉降关系的变分法分析[J]. 岩土力学,2007,28(10):2071-2076.

[10]刘汉龙,费康,马晓辉,等. 振动沉模大直径现浇薄壁管桩技术及其应用(I):开发研制与设计理论[J]. 岩土力学,2003,24(2):164-168.

[11]刘汉龙,郝小员,费康,等. 振动沉模大直径现浇薄壁管桩技术及其应用(II):工程应用与现场试验[J]. 岩土力学,2003,24(3):372-375.

[12]杨寿松,刘汉龙,周云东,等. 薄壁管桩在高速公路软基处理中的应用[J]. 岩土工程学报,2004,26(6):750-754.

[13]陆海源,刘汉龙,谢庆道. 新型PCC桩结构直立式海堤技术开发[J]. 岩土工程界,2005,7(4):75-78.

[14] Liu H L, Fei K, Deng A, et al. Erective sea embankment with PCC piles[J]. China Ocean Engineering, 2005, 19(2):339-348.

[15]Liu H L, Ng W W C,Fei K. Performance of a geogrid-reinforced and pile-supported high-

way embankment over soft clay: Case study[J]. Journal of Geotechnical and Geoenvironmental Engineering, ASCE, 2007, 133(12): 1483-1493.

[16]Liu H L, Chu J,Deng A. Use of large-diameter, cast-in situ concrete pipe piles for embankment over soft clay[J]. Canadian Geotechnical Journal, 2009, 46(8): 915-927.

[17]Thach P N, Liu H L,Kong G Q. Vibration analysis of pile-supported embankments under high-speed train passage[J]. Soil Dynamics and Earthquake Engineering, 2013, 55(12): 92-99.

[18]Thach P N, Liu H L,Kong G Q. Evaluation of PCC pile method in mitigating embankment vibrations from high-speed train[J]. Journal of Geotechnical and Geoenvironmental Engineering, ASCE, 2013, 139(12): 2225-2228.

[19]Liu H L, Kong G Q, Ding X M,et al. Performances of large-diameter cast-in place concrete pipe pile and pile group under lateral load[J]. Journal of Performance of Constructed Facilities, ASCE, 2013, 27(2): 191-202.

[20]Ding X M, Liu H L, Liu J Y,et al. Wave propagation in a pipe pile for low strain integrity testing[J]. Journal of Engineering Mechanics, ASCE, 2011, 137(9): 598-609.

[21]中华人民共和国住房和城乡建设部. 现浇混凝土大直径管桩复合地基技术规程(JGJ/T 213—2010)[S]. 北京:中国建筑工业出版社,2010.

[22]刘汉龙. PCC桩复合地基技术——理论与应用[M]. 北京:科学出版社,2013.

[23]刘汉龙,刘芝平,王新泉. 现浇X型混凝土桩截面几何特性研究[J]. 中国铁道科学,2009, 30(01): 17-24.

[24]孔纲强,刘汉龙,丁选明,等. 现浇X形桩复合地基桩土应力比及负摩阻力现场试验[J]. 中国公路学报,2012, 25(1): 8-12.

[25]丁选明,孔纲强,刘汉龙,等. 现浇X形桩桩-土荷载传递规律现场试验研究[J]. 岩土力学, 2012, 33(2): 489-493.

[26]Lv Y R, Liu H L, Ding X M,et al. Field tests on bearing characteristics of X-section pile composite foundation[J]. Journal of Performance of Constructed Facilities, ASCE, 2012, 26 (2): 180-189.

[27]Liu H L, Zhou H,Kong G Q. XCC pile installation effect in soft soil ground: A simplified analytical model[J]. Computers and Geotechnics, 2014, 62(7): 268-282.

[28]Kong G Q, Zhou H, Ding X M,et al. Field measurement of X-section cast-in-place concrete pile installation effects in soft clay[J]. Proceedings of ICE-Geotechnical Engineering, 2015, 168(4): 296-305.

[29]王智强,刘汉龙,张敏霞,等. 现浇X形桩竖向承载特性足尺模型试验研究[J].岩土工程学报,2010,32(06):903-907.

[30]Lv Y R, Liu H L, Ng C W W, et al. Three-dimensional numerical analysis of the stress transfer mechanism of XCC piled raft foundations[J]. Computers and Geotechnics, 2014, 55, 365-377.

[31]张敏霞,刘汉龙,丁选明,等. 现浇X形混凝土桩与圆形桩承载性状对比试验研究[J].岩土工程学报,2011,33(09):1469-1476.

[32]Lv Y R, Liu H L, Ng C W W, et al. A modified analytical solution of soil stress distribution for XCC pile foundations[J]. Acta Geotechnica, 2014, 9:529-546.

[33]孔纲强,周航,刘汉龙,等. 任意角度水平向荷载下现浇X形桩力学特性研究(II):截面应力分布[J].岩土力学,2012,33(S1):8-12.

[34]曹兆虎,孔纲强,周航,等. 极限荷载下X形桩和圆形桩破坏形式对比模型试验研究[J].中国公路学报,2014,27(12):10-15.

[35]江苏省住房和城乡建设厅. 现浇X形桩基复合地基技术规程(DJG 32/TO47—2011)[S].南京:江苏省工程建设标准站,2012.

[36]陆见华,陆小曼. Y形-异形沉管灌注桩的试验研究[J].浙江水利水电专科学校学报,2002,14(4):40-42.

[37]徐立新,杨少华,段冰. 高速公路Y形桩沉管灌注桩软基处理试验研究[J].岩土工程学报,2007,29(1):120-124.

[38]王新泉,陈永辉,刘汉龙. Y型沉管灌注桩及其承载特性[J].工业建筑,2008,38(11):69-74.

[39]王新泉,陈永辉,刘汉龙. Y型沉管灌注桩荷载传递机制现场试验研究[J].岩石力学与工程学报,2008,27(3):615-624.

[40]许海云,武启诚,董卫国. 申嘉湖高速公路Y形沉管灌注桩施工及定额测定[J].公路与汽运,2007,118(1):117-119.

[41]吴跃东,戴洪军,乐陶. Y形沉管灌注桩复合地基荷载变形特性[J].岩石力学与工程学报,2009,28(S1):3036-3041.

[42]Yang J, Tham L G, Lee P K K, et al. Observed performance of long steel H-piles jacked into sandy soils[J]. Journal of Geotechnical and Geoenvironmental Engineering, ASCE, 2006, 132(1):24-35.

[43]William G D, Thomas S, Sarah A, et al. Field-measured response of an integral abutment

bridge with short steel H-piles[J]. Journal of Bridge Engineering, 2010, 15(1)：32-43.

[44] Huntley S A,Valsangkar A J. Behaviour of H-piles supporting an integral abutment bridge [J]. Canadian Geotechnical Journal, 2014, 51(7)：713-734.

[45]林天健. 现代异形桩及其力学特点的理论评述[J]. 力学与实践,1998,20(6)：7-11.

[46]肖世国. 边(滑)坡治理中 h 型组合抗滑桩的分析方法及工程应用[J]. 岩土力学,2010,31 (7)：2146-2152.

[47]李安洪. 变截面 T 形桩板墙的设计及应用[J].路基工程,1995,5：20-23.

[48]周翰斌. 复杂地层码头超深 T 形桩墙成槽施工关键技术[J].岩土工程学报, 2011, 33 (S2)：213-216.

[49]刘辉光,严平,李艳红,等. 水泥搅拌土植入工形钢筋混凝土桩基坑围护技术[J].施工技术, 2009,38(9)：80-82.

[50]邹正盛,孔清华,莫云波,等. 十字形沉管灌注桩的成桩工艺技术[J].水文地质工程地质, 2012,39(6)：67-71.

[51]邹正盛,莫云波,孔清华,等. 工字形灌注桩模管及沉管变形控制对策[J].水文地质工程地 质,2013,40(4)：83-87.

[52]史佩栋. 国内外高层建筑深基础及基坑工程技术发展概况[J].地基基础工程,1996,6(1)： 1-8.

[53]文松霖. 扩底桩桩端承载机理初探[J].岩土力学,2011,32(7)：1970-1974.

[54] Dickin E A, Leung C F. Performance of piles with enlarged bases subject to uplift forces [J]. Canadian Geotechnical Journal, 1990, 27：546-556.

[55]王卫东,吴江斌,许亮,等. 软土地区扩底抗拔桩承载特性试验研究[J].岩土工程学报, 2007, 29(9)：1418-1422.

[56]王俊林,王复明,任连伟,等. 大直径扩底桩单桩水平静载试验与数值模拟[J].岩土工程学 报,2010, 32(9)：1406-1411.

[57] Ng W W C, Terence L Y Y, Jonathan H M L, et al. Side resistance of large diameter bored piles socketed into decomposed rock[J]. Journal of Geotechnical and Geoenvironmental Engi-neering, ASCE, 2001, 127(8)：642-657.

[58]Lemnitzer A, Khalili-Tehrani P, Ahlberg E R, et al. Nonlinear efficiency of bored pile group under lateral loading[J]. Journal of Geotechnical and Geoenvironmental Engineering, ASCE, 2010, 136(12)：1673-1685.

[59]刘文白,周健. 扩底桩的上拔试验及其颗粒流数值模拟[J].岩土力学,2004,25(S2)：

201-206.

[60]吴江斌,王卫东,黄绍铭. 等截面桩与扩底桩抗拔承载特性数值分析研究[J]. 岩土力学, 2008,29(9)：2583-2588.

[61]王浩. 扩底抗拔桩桩端阻力的群桩效应研究[J]. 岩土力学,2012,33(7)：2203-2208.

[62]郦建俊,黄茂松,木林隆,等. 分层地基中扩底桩抗拔承载力的计算方法研究[J]. 岩土力学, 2008,29(7)：1997-2004.

[63]Xu H F, Yue Z Q, Qian Q H. Predicting uplift resistance of deep piles with enlarged bases [J]. Proceedings of the ICE-Geotechnical Engineering, 2009, 162(4)：225-238.

[64]高盟,高广运,顾宝和,等. 一种大直径扩底桩的沉降计算实用方法[J]. 岩土工程学报, 2012,34(8)：1448-1452.

[65]高盟,王滢,高广运,等. 一种大直径扩底桩端阻力和侧阻力的确定方法[J]. 岩土力学, 2013,34(3)：797-801.

[66] Rybnikov A M. Experimental investigation of bearing capacity of bored-case in place tapered piles[J]. Soil Mechanics and Foundation Engineering, 1990, 27(2)：48-51.

[67] Kodikara J K,Mooer I D. Axial response of tapered piles in cohesive frictional ground[J]. Journal of Geotechnical and Geoenvironmental Engineering, ASCE, 1993, 119(4)：675-693.

[68] EI Naggar M H,Wei J Q. Uplift behaviour of tapered piles established from model tests [J]. Canadian Geotechnical Journal，2000, 37(1)：56-74.

[69] Sakr M, Naggar M H,Nehdi M. Lateral behavior of composite tapered piles in dense sand [J]. Proceedings of the ICE-Geotechnical Engineering, 2005, 158(3)：145-157.

[70]刘杰,何杰,闵长青. 夯实水泥土楔形桩复合地基中桩的合理楔角范围研究[J]. 土木工程学报,2010,43(6)：122-127.

[71]张可能,何杰,刘杰,等. 静压楔形桩沉桩效应模型试验研究[J]. 中南大学学报,2012,43 (2)：638-643.

[72]孔纲强,杨贵,曹兆虎,等. 扩底楔形桩沉桩施工过程数值模拟分析[J]. 铁道科学与工程学报,2014,11(6)：90-96.

[73] Lee J, Paik K, Kim D,et al. Estimation of axial load capacity for bored tapered piles using CPT results in sand[J]. Journal of Geotechnical and Geoenvironmental Engineering, ASCE, 2009, 135(9)：1285-1294.

[74]Paik K, Lee J,Kim D. Calculation of the axial bearing capacity of tapered bored piles[J]. Proceedings of the ICE：Geotechnical Engineering, 2012, 166(5)：502-514.

[75]Wang K H，Wu W B，Zhang Z Q，et al. Vertical dynamic response of an inhomogeneous viscoelastic pile[J]. Computers and Geotechnics，2010，37（4）：536-544.

[76]易耀林,刘松玉,朱志铎. 钉形搅拌桩复合地基承载力特性[J].建筑结构学报,2010,31(9)：119-125.

[77]Liu S，Du Y，Yi Y，et al. Field investigations on performance of T-shaped deep mixed soil cement column – supported embankments over soft ground[J]. Journal of Geotechnical and Geoenvironmental Engineering，ASCE，2012，138(6)：718 – 727.

[78]闫超,刘松玉,邓永锋,等. 加筋水泥搅拌桩水平承载力试验研究 [J].岩土工程学报,2013,35(增2)：433-438.

[79]Raongjant W,Jing M. Field testing of stiffened deep cement mixing piles under lateral cyclic loading[J]. Earthquake Engineering and Engineering Vibration，2013，12：261-265.

[80]陈飞,吴开兴,何书. 挤扩支盘桩承载力性状的现场试验研究[J].岩土工程学报,2013,35（增2)：990-993.

[81]张琰,陈培,赵贞欣. 软土地基挤扩支盘桩基础试验研究[J].岩土工程学报,2013,35(S2)：994-997.

[82]高笑娟,李建厚,王文军,等. 洛阳地区旋扩珠盘桩竖向承载力计算公式探讨[J].岩土力学,2009,30(6)：1676-1680.

[83]王梦恕,贺德新,唐松涛. 21世纪的桩基新技术:DX旋挖挤扩灌注桩[J].中国工程科学,2012,14(1)：4-12.

[84]沈保汉. DX挤扩灌注桩竖向抗压极限承载力的确定[J].中国工程科学,2008,38(5)：13-17.

[85]陈立宏,唐松涛,贺德新. DX桩群桩现场试验研究[J].岩土力学,2011,32(4)：1003-1007.

[86]刘汉龙. 岩土工程技术创新方法与实践[M].北京:科学出版社,2013.

[87]孔纲强,杨庆,年廷凯,等.扩底楔形桩竖向抗压和负摩阻力特性研究[J].岩土力学,2011,32(2)：503-509.

[88]孔纲强,杨庆.一种扩底预应力锥形管桩及其施工方法,ZL200810011854.4.2010-6-23.

[89]孔纲强,杨庆. 一种高聚物材料注浆楔形预制桩的施工方法,ZL201210082893.X.2014-11-19.

[90]孔纲强,张建伟,周航,等. 一种高聚物材料后注浆挤扩灌注桩施工方法,ZL201210082894.4.2014-4-16.

[91]孔纲强,刘汉龙,杨庆. 一种预应力楔形管桩接头的施工方法,ZL201310052957.6.2014-

11-19.

[92]江苏省住房和城乡建设厅. 预应力混凝土管桩基础技术规程(DGJ32/TJ 109—2010)[S].
    南京:江苏科学技术出版社,2010.

[93]中华人民共和国住房和城乡建设部. 建筑桩基技术规范(JGJ94—2008)[S]. 北京:中国建
    筑工业出版社,2008.

[94]孔纲强,顾红伟,任连伟,等. 桩侧截面形式对扩底桩竖向抗压特性影响分析[J]. 岩土力学,
    2016.

[95]孔纲强,曹兆虎,周航,等. 极限荷载下纵向截面异形桩破坏形式对比试验研究[J]. 岩土力
    学,2015, 36(5):1333-1338.

[96]孔纲强,周航,丁选明,等. 扩底楔形桩竖向抗压承载力理论计算方法研究[J]. 工程力学,
    2015,32(7):74-80.

[97]中华人民共和国住房和城乡建设部. 建筑地基基础设计规范(GB 50007—2011)[S]. 北京:
    中国建筑工业出版社,2011.

[98]孔纲强,刘璐,刘汉龙,等. 玻璃砂透明土变形特性三轴试验研究[J]. 岩土工程学报,2013,
    35(6):1140-1146.

[99]曹兆虎,孔纲强,刘汉龙,等. 基于 PIV 技术的沉桩过程土体位移场模型试验研究[J]. 工程
    力学,2014,31(8):168-173.

[100]Randolph M F,Worth C P. Application of the failure state in undrained simple shear to the
    shaft capacity of driven piles[J]. Geotechnique, 1981, 31(1):143-157.

[101] Randolph M F,Wroth C. P. Analysis of deformation of vertically loaded piles[J]. Journal
    of Geotachnical Engineering, ASCE, 1978, 104(12):1465-1488.

[102] Carter J P, Booker J R, Yeung S K. Cavity expansion in cohesive frictional soils[J].
    Geotechnique, 1986, 36(3):349-353.

[103]曹兆虎,孔纲强,周航,等. 基于透明土材料的异形桩拔桩过程对比模型试验[J]. 铁道科学
    与工程学报,2014,11(3):116-121.

[104] Kong G Q, Liu H L, Yang Q,et al. Numerical analysis of belled wedge pile groups under
    uplift load[A]//International Symposium on Geomechanics and Geotechnics:From Micro
    to Macro, Shanghai, 2010.

[105]周立朵,孔纲强,周航,等. 扩底楔形桩竖向抗拔承载力理论计算方法研究[J]. 中南大学学
    报(自然科学版),2016.

[106]王卫东,吴江斌,许亮,等. 软土地区扩底抗拔桩承载特性试验研究[J]. 岩土工程学报,

2007,29(9)：1418-1422.

[107]郦建俊,黄茂松,王卫东,等. 软土地基中扩底抗拔桩中长桩的极限承载力分析[J]. 岩土力学,2009,30(9)：2643-2650.

[108]黄茂松,王向军,吴江斌,等. 不同桩长扩底抗拔桩极限承载力的统一计算模式[J]. 岩土工程学报,2011,33(1)：63-69.

[109] McCabe A B, Lehane B M. Behavior of axially loaded pile group driven in clayey silt[J]. Journal of Geotechnical and Geoenvironmental Engineering, ASCE, 2006, 132 (3)：401-410.

[110]王卫东,吴江斌,王敏. 扩底抗拔桩在超大型地基工程中的设计与分析[A]// 中国土木工程学会第十届土力学及岩土工程学术会议论文集,重庆,2007.

[111]蒋建平,高广运,顾宝和. 扩底桩、楔形桩、等直径桩对比试验研究[J]. 岩土工程学报,2003, 25(6)：764-766.

[112]孔纲强,曹兆虎,周航,等. 水平荷载下扩底楔形桩承载力特性透明土模型试验研究[J]. 土木工程学报,2015,48(5)：83-89.

[113]孔纲强,周航,曹兆虎. 扩底楔形桩水平向承载力理论计算方法研究[J]. 现代隧道技术,2016,53(1)：119-126.

[114]孔纲强,周立朵,杨庆,等. 基于 p-y 曲线法的扩底楔形桩水平承载力理论分析[J]. 中国公路学报,2016.

[115]周健,张刚,曾庆有. 主动侧向受荷桩模型试验与颗粒流数值模拟研究[J]. 岩土工程学报,2007, 29(5)：650-656.

[116] 中华人民共和国交通运输部. 港口工程桩基规范(JTS 167—4—2012)[S]. 北京：人民交通出版社,2012.

[117]Kong G Q, Yang Q, Zheng P Y, et al. Evaluation of group effect of pile groups under dragload embedded in clay[J]. Journal of Central South University of Technology, 2009, 16 (3)：503-512.

[118]孔纲强,杨庆,郑鹏一,等. 考虑群桩效应的群桩负摩阻力模型试验研究[J]. 岩土工程学报,2009,31(12)：1913-1919.

[119]孔纲强,孙学谨,曹兆虎,等. 楔形桩和等截面桩中性点位置可视化对比模型试验与分析[J]. 岩土力学,2015,36(S1)：38-42.

[120] Kong G Q, Zhou H, Liu H L,et al. A simplified approach for negative skin friction calculation of special-shaped pile considering pile-soil interaction under surcharge[J]. Journal of

Central South University, 2014, 21(9): 3648-3655.

[121]孔纲强. 堆载条件下现浇扩底楔形钢筋混凝土群桩负摩阻力特性研究[J]. 岩土工程学报, 2011, 33(S1): 1011-1016.

[122]孔纲强, 周航, 刘汉龙, 等. 地面堆载作用下扩底楔形桩桩侧负摩阻力计算软件 V1.0, 2013SR127109. 2013.

[123]Indraratna B, Balasubramaniam A S, Phamvan P, et al. Development of negative skin friction on driven piles in soft Bangkok clay[J]. Canadian Geotechnical Journal, 2011, 29(3): 393-404.

[124] Lam S, Ng C W W, Poulos H. Shielding piles from downdrag in consolidating ground[J]. Journal of Geotechnical and Geoenvironmental Engineering, ASCE, 2013, 139 (6): 956-968.

[125] Sawaguchi M. Model test in relation to a method to reduce negative skin friction by tapering a pile[J]. Soils and Foundations, 1982, 22(2): 130-133.

[126]曹兆虎, 孔纲强, 刘汉龙, 等. 基于透明土材料的沉桩过程土体三维变形模型试验研究[J]. 岩土工程学报, 2014, 36(2): 395-400.

[127]曹兆虎, 孔纲强, 周航, 等. 基于透明土材料的静压楔形桩沉桩效应模型试验研究[J]. 岩土力学, 2015, 36 (5): 1363-1367.

[128]孔纲强, 杨贵, 曹兆虎, 等. 扩底楔形桩沉桩施工过程数值模拟分析[J]. 铁道科学与工程学报, 2014, 11(6): 90-96.

[129]周航, 孔纲强, 刘汉龙. 基于圆孔扩张理论的静压楔形桩沉桩挤土效应研究[J]. 中国公路学报, 2014, 27(4): 24-30.

[130]孔纲强, 周航. 扩底楔形桩沉桩挤土效应理论分析[J]. 中国公路学报, 2014, 27(2): 9-16.

[131] Ni Q, Hird C C, Guymer I. Physical modelling of pile penetration in clay using transparent soil and particle image velocimetry[J]. Geotechnique, 2010, 60(2): 121-132.

[132] 刘裕华, 陈征宙, 彭志军, 等. 应用圆孔柱扩张理论对预制管桩的挤土效应分析[J]. 岩土力学, 2007, 28(10): 2167-2172.

编　后　记

　　《博士后文库》(以下简称《文库》)是汇集自然科学领域博士后研究人员优秀学术成果的系列丛书。《文库》致力于打造专属于博士后学术创新的旗舰品牌,营造博士后百花齐放的学术氛围,提升博士后优秀成果的学术和社会影响力。

　　《文库》出版资助工作开展以来,得到了全国博士后管委会办公室、中国博士后科学基金会、中国科学院、科学出版社等有关单位领导的大力支持,众多热心博士后事业的专家学者给予积极的建议,工作人员做了大量艰苦细致的工作。在此,我们一并表示感谢!

《博士后文库》编委会